扫码看微课 新型态教材

普通高等教育应用型人才培养系列教材

大学计算机基础上机指导

主　编　杨慧　田嵩　小黑

副主编　袁涌　冯珊　吕璐

参　编　熊皓　成俊　曹绍君　李辉燕　纪鹏

U0378773

机械工业出版社

本书以突出"应用"、强调"技能"为目标，以实践性、实用性为原则。内容包括操作系统实训、Word 2010 实训、Excel 2010 实训、PowerPoint 2010 实训、Access 2010 实训和计算机网络应用基础等几大部分。本书内容的设置注重基本操作实训、进阶式实训和综合性应用相结合，既适合高校学生学习，又便于教师实施分层次教学。

本书作为"大学计算机基础"课程的配套实训教材，也适用于各类高校非计算机专业计算机基础课程教材的配套教材或自学参考书。

（责任编辑邮箱：jinacmp@163.com）

图书在版编目（CIP）数据

大学计算机基础上机指导/杨慧，田嵩，小黑主编. —北京：机械工业出版社，2018.8（2020.7 重印）

普通高等教育应用型人才培养系列教材

ISBN 978-7-111-60445-7

Ⅰ. ①大⋯　Ⅱ. ①杨⋯②田⋯③小⋯　Ⅲ. ①电子计算机 – 高等学校 – 教学参考资料　Ⅳ. ①TP3

中国版本图书馆 CIP 数据核字（2018）第 179719 号

机械工业出版社（北京市百万庄大街 22 号　邮政编码 100037）

策划编辑：吉　玲　责任编辑：吉　玲　王　荣　王小东

责任校对：肖　琳　封面设计：张　静

责任印制：张　博

北京华创印务有限公司印刷

2020 年 7 月第 1 版第 3 次印刷

184mm × 260mm・8.75 印张・212 千字

标准书号：ISBN 978-7-111-60445-7

定价：23.00 元

电话服务　　　　　　　　网络服务

客服电话：010-88361066　机 工 官 网：www.cmpbook.com

　　　　　010-88379833　机 工 官 博：weibo.com/cmp1952

　　　　　010-68326294　金 书 网：www.golden-book.com

封底无防伪标均为盗版　机工教育服务网：www.cmpedu.com

前 言

"大学计算机基础"作为大学计算机的入门基础教育课程，不仅需要学习掌握其理论精髓，还需要在应用中融会贯通。当前的主流教材虽然兼容理论和应用，但更多地侧重于理论，即使有应用的部分，也相对比较枯燥，对于初学计算机的学生而言，难以直观理解。为此，我们配合《大学计算机应用基础》理论教材，编写了这本上机指导，旨在培养学生的实际操作能力和综合应用新知识的能力。

本书以突出"应用"、强调"技能"为目标，以实践性、实用性为原则设计相关内容，包括操作系统实训、Word 2010 实训、Excel 2010 实训、PowerPoint 2010 实训、Access 2010 实训和计算机网络应用基础等几大部分。本书有四大突出特点，适用于广大师生。

（1）章节设置同步于理论教材，书中涉及的实训内容大多源自实际问题，精选学生熟悉和感兴趣的内容，在编写过程中力求通俗易懂、可操作性强，让学生学以致用，在实训中享受学习的快乐。对于初学计算机的学生而言，本书是理解知识点、掌握考试要点的有力工具。

（2）各章节中设置的实训内容按操作难度分为三个层次，适用于不同基础的学生。基本操作实训面向零基础的学生，从基本知识的介绍到操作步骤的指导都很细致，学生按照书中的提示可以顺利地完成实验，快速掌握各种软件的基本功能和操作技术；进阶式实训和综合性应用主要面向基础较好的学生，注重新知识和操作技巧的介绍，培养学生独立探究的兴趣，利于培养学生的独立操作能力和创新素质。

（3）除了适合高校学生的学习，本书还便于教师实施分层次教学。在教学过程中，教师可以根据学时和学生的基础选择不同的实训内容，对不同的内容可以灵活选择不同的教学方式，如自学、案例教学、小组合作学习等。

（4）本书引入了配套手机微课堂教学视频，可以随时随地学，随停随播。书中在重要知识操作点配有"扫码看微课"标识，扫一扫对应的二维码，即可在手机端观看"小黑计算机二级讲堂"，通过动态演示，帮助学生突破难点。

本书在编写过程中得到了湖北理工学院计算机学院老师们的指导与帮助，他们的教学资料和经验对本书的完善起到了很大的作用，在此致以诚挚的谢意。

由于编者水平有限，加之时间仓促，书中的缺点和疏漏在所难免，敬请读者批评指正。

编 者

目 录 Contents

第一章

操作系统实训

Windows 基本操作实训

实训目的与要求	实训学时
1. 了解资源管理器窗口的组成及其启动方法。 2. 掌握文件及文件夹的基本操作。 3. 掌握快捷方式的创建方法。 4. 掌握屏幕保护程序的设置。 5. 熟悉利用 Windows 控制面板进行用户管理。 6. 掌握屏幕抓图的方法。	2 学时

一、启动资源管理器

方法 1：单击 "开始" → "所有程序" → "附件" → "Windows 资源管理器" 选项，启动资源管理器，如图 1-1 所示。

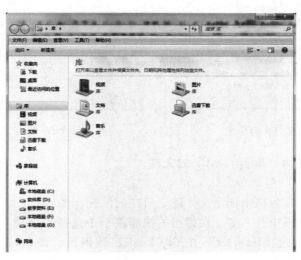

图 1-1　资源管理器窗口

方法 2：通过快捷菜单，选择 "资源管理器" 项目进入。

用鼠标右击 "开始" 按钮，在弹出的快捷菜单中选择 "打开 Windows 资源管理器" 选项。Windows 7 操作系统中引入"库"的概念，分为文档、图片、音乐、视频四个库。与 Windows XP 操作系统中的"我的文档"类似，建议大家把重要的资料分类放入库中。库是一个虚拟文件夹，其操作与普通的文件夹一样，是"我的文档"的进一步加强。

二、新建文件和文件夹

（一）用资源管理器菜单的方式新建名为"student1"的文件夹

操作步骤如下：

1）在资源管理器左窗格中选定需要建立文件夹的驱动器。

2）选择"文件"→"新建"→"文件夹"选项，如图 1-2 所示。在右窗格中出现的新文件夹中输入"student1"，然后按〈Enter〉键确定，即在该驱动器中建立了一个名为"student1"的新文件夹。

（二）以右键快捷菜单方式新建一个名为"student2"的文件夹

操作步骤如下：

1）在资源管理器左窗格中选定需要建立文件夹的驱动器。

2）在右窗格任意空白区域右击，在弹出的快捷菜单中选择"新建"→"文件夹"选项，如图 1-3 所示。在出现的新文件夹中输入"student2"并按〈Enter〉键确定，即在该驱动器中建立了一个名为"student2"的新文件夹。

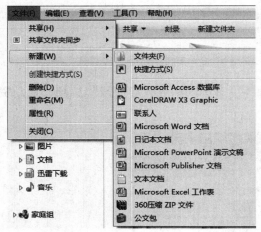
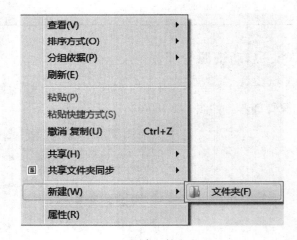

图 1-2　新建文件夹方法 1　　　　　　　　　　图 1-3　新建文件夹方法 2

（三）新建一个名为"happy. txt"的文件

操作步骤如下：

1）在资源管理器左窗格中选定文件建立所在的位置，如 E 盘。

2）鼠标移到右窗格中并右击，在弹出的快捷菜单中选择"新建"→"文本文件"选项，在出现的新文件中输入"happy. txt"并按〈Enter〉键确定，即在该位置建立了一个名为"happy. txt"的文本文件。

三、删除文件（文件夹）

删除名为"student1"的文件夹。

操作步骤如下：

1）在资源管理器右窗格中选定"student1"文件夹，然后选择下列三种方法之一将其删除。

方法1：选择"文件"→"删除"选项。

方法2：右键单击选定的文件夹，在弹出的快捷菜单中选择"删除"选项。

方法3：直接按〈Del〉键（删除键）删除。

2）在出现的对话框中单击"是"按钮，可看到右窗格中的文件夹"student1"被删除。删除的文件通常放到"回收站"中，必要时可以恢复。

四、复制文件（文件夹）

复制文件（文件夹）是指在目的文件夹中创建出与源文件夹中被选定文件（文件夹）完全相同的文件（文件夹）。一次可复制一个或多个文件（文件夹）。

将 C：\Windows\system32\command.com 文件和其后连续的四个文件复制到 E 盘。

操作步骤如下：

1）选定文件 C：\Windows\system32\command.com 和其后连续的四个文件。（按住键盘〈Ctrl〉键，连续单击，可选中多个文件或文件夹。）

2）单击鼠标右键，在弹出的快捷菜单中选择"复制"选项（此时文件会放到剪贴板）。

3）选定需要复制文件的目标位置，单击鼠标右键，在弹出的快捷菜单中选择"粘贴"选项。

五、重命名文件（文件夹）

将 E 盘中"student2"的文件夹改名为"pupil2"。

操作步骤如下（两种方法，任选其一）：

方法1：在左、右窗格中选定"student2"文件夹，单击鼠标右键，在弹出的快捷菜单中选择"重命名"选项，然后输入新的文件夹名"pupil2"，按〈Enter〉键确定。

方法2：在左、右窗格中选定"student2"文件夹，选择"文件"→"重命名"选项，输入新的文件夹名"pupil2"，按〈Enter〉键确定。

六、查找文件（文件夹）

人们经常碰到这样的情况：有时只知道文件的部分信息（条件），却又希望能够快速地找到该（类）文件，这时可以使用 Windows 提供的查找功能。

找出 C：\Windows 下所有的扩展名为 .exe 的文件。

操作步骤如下（下列方法，任选其一）：

方法1：打开"资源管理器"窗口，如图1-4所示。选择要搜索的驱动器，选择对应的文件夹 Windows，在搜索栏中输入" *.exe"，

图1-4　方法1查找窗口

如图 1-5 所示，即可在对应文件夹中查找。

方法 2：刷新桌面，按功能键〈F3〉，弹出如图 1-6 所示窗口，输入对应内容。

图 1-5　搜索栏中输入"＊.exe"

七、创建快捷方式

以在桌面上建立记事本程序（notepad. exe）的快捷方式为例，介绍创建方法。

方法 1：右键单击桌面空白处，在弹出的快捷菜单中选择"新建"→"快捷方式"选项，得到如图 1-7 所示的"创建快捷方式"对话框；单击"浏览"按钮，弹出如图 1-8 所示的"浏览文件或文件夹"对话框，找到记事本程序，如 C：\ Windows \ system32 \ notepad. exe；再按提示一步一步地操作即可。

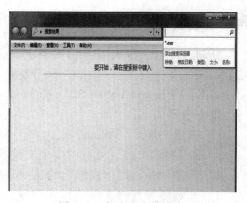

图 1-6　方法 2 查找窗口

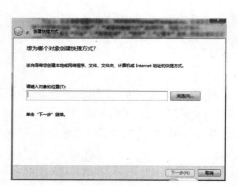

图 1-7　"创建快捷方式"对话框

图 1-8　"浏览文件或文件夹"对话框

方法 2：在资源管理器中找到 C：\ Windows \ system32 \ notepad. exe，右键单击，在弹出的快捷菜单中选择"发送到"→"桌面快捷键方式"选项即可，如图 1-9 所示。

方法 3：选择"开始"→"所有程序"→"附件"→"记事本"选项，然后右键单击该选项，在弹出的快捷菜单中选择"发送到"→"桌面快捷键方式"选项即可。

八、屏幕保护程序的设置

操作步骤如下：

1）在桌面空白处单击鼠标右键，选择"个性化"，弹出如图 1-10 所示"个性化"窗口，选择"屏幕保护程序"选项卡，弹出如图 1-11 所示的"屏幕保护程序设置"对话框。

图 1-9 将应用程序的快捷方式发送到桌面上 　　　　图 1-10 "个性化"窗口

2）在"屏幕保护程序"下拉列表框中选择"三维文字"，接着单击"设置"按钮，则出现如图 1-12 所示的"三维文字设置"对话框。

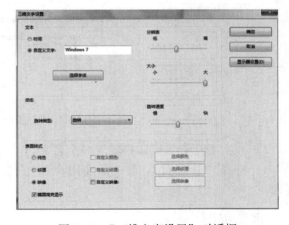

图 1-11 "屏幕保护程序设置"对话框 　　　　图 1-12 "三维文字设置"对话框

3）在"三维文字设置"对话框的"文本"栏的"自定义文字"中输入"Windows 7"字样，并对"大小""旋转速度""表面样式""选择字体"等选项进行设置，最后单击"确定"按钮退出。

4）若要设置密码，可在图 1-11 中勾选"在恢复时显示登录屏幕"。这样设置后，在从屏幕保护中恢复正常运行时用户必须使用 Windows 的启动密码，需要用户手动设置用户登录密码。

5）在图 1-11 所示的"等待"框中，设置适当的屏幕保护程序启动等待时间（例如设定最少时间 1min）。

6）单击"确定"按钮关闭所有对话框，暂停计算机操作，等待 1min 后，观察计算机屏幕的变化。

九、用户管理

建立新用户，并设置密码。操作步骤如下：

1）单击"开始"→"控制面板"→"用户账户和家庭安全"→"用户账户"中的"添加或删除用户账户"，如图1-13所示。在弹出的窗口中单击"创建一个新账户"，如图1-14所示。

图1-13 单击"添加或删除用户账户"

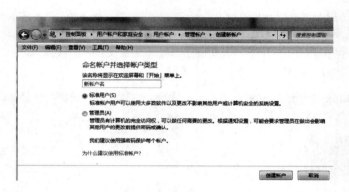

图1-14 "创建新账户"窗口

2）在文本框中为新账户输入一个名字。

3）选择"管理员"或"标准用户"；设置完成后单击"创建账户"按钮退出设置界面。

十、屏幕抓图

（一）抓取屏幕上的图案或图标（应用于文档中）

操作步骤如下：

1）显示桌面，在桌面上按〈PrintScreen〉键。

2）打开"画图"程序，单击"主页"→"剪切板"→"粘贴"选项，则整个屏幕被导入"画图"程序，如图1-15所示。

（二）抓取屏幕保护图案

将如图1-16所示的"彩带"屏幕保护图案抓取下来做成文件保存。操作步骤如下：

1）右键单击桌面，在"个性化"中选择"屏幕保护程序"，打开对话框后，选择"彩带"，再单击"预览"按钮查看，最后单击"确定"按钮。

2）当屏幕上出现彩带图案时，按〈PrintScreen〉键。

3）打开"画图"程序，在该程序中单击"剪切板"→"粘贴"选项，将刚刚抓取的图案导入。将该图案以".jpg"格式的图形文件保存。

图 1-15 "桌面"图标已粘贴在"画图"窗口　　　　图 1-16 "彩带"屏保

（三）抓取活动窗口

所谓活动窗口是指屏幕上同时出现多个窗口时，只有一个是正在操作的窗口，而正在操作的窗口就是活动窗口。例如，如果桌面上有两个或更多的窗口，那么用户正在操作的窗口就是活动窗口，而且正在操作的窗口的标题是蓝色的，而其他非活动窗口的标题是灰色的。

假设用户正在玩"纸牌"游戏，如果按〈Alt + PrintScreen〉组合键，则可抓取游戏窗口，如图 1-17 所示。

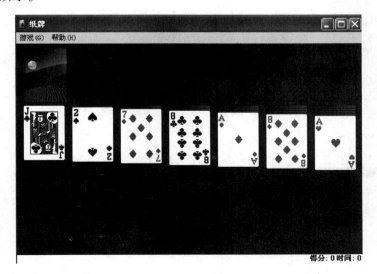

图 1-17 "纸牌"活动窗口

第二章

Word 2010 实训

第一节　Word 2010 基本操作实训

实训目的与要求	实训学时
1. 掌握文档的基本编辑：文字录入、选定、复制、移动及删除等操作；掌握文档编辑过程中查找及替换操作。 2. 了解 Word 2010 文字处理系统中文档的五种视图方式。 3. 熟练掌握字符的格式化和段落的格式化操作。 4. 掌握文档的分栏操作和文档的页面设置。 5. 掌握图片的插入和编辑，自绘图形及其格式化操作。 6. 了解艺术字的使用和公式编辑器的使用方法。 7. 掌握表格的建立方法、编辑要点，熟悉表格格式化操作及对表格单元格进行计算和排序的方法。	2 学时

一、Word 文档的编辑

（一）新建文件夹

在 D 盘下单击鼠标右键新建一个文件夹，如图 2-1 所示。

（二）重命名

对建好的文件夹单击鼠标右键将其重命名为"学号 + 姓名"，如图 2-2 所示。

图 2-1　新建文件夹

图 2-2　文件夹重命名

（三）保存文档

打开以前做好的文档，选择"文件"菜单中"另存为"命令，将文档另存到已经新建好的"学号+姓名"的文件夹里，文档命名为"学号+姓名"，如图2-3所示。文档如样张2-1所示。

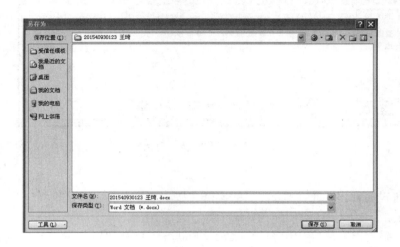

图2-3　另存为文档

样张2-1：

国家体育场

国家体育场（鸟巢）位于北京奥林匹克公园中心区南部，为2008年北京奥运会的主体育场。工程总占地面积21公顷，场内观众座席约为91000个。国家体育场曾举行了2008年奥运会、残奥会开闭幕式、田径比赛及足球比赛决赛。奥运会后成为北京市民参与体育活动及享受体育娱乐的大型专业场所，并成为地标性的体育建筑和奥运遗产。

体育场由雅克·赫尔佐格、德梅隆、艾未未以及李兴刚等设计，由北京城建集团负责施工。体育场的形态如同孕育生命的"巢"和摇篮，寄托着人类对未来的希望。设计者们对这个场馆没有做任何多余的处理，把结构暴露在外，因而自然形成了建筑的外观。

国家体育场于2003年12月24日开工建设，2008年3月完工，总造价为22.67亿元。作为国家标志性建筑，2008年奥运会主体育场，国家体育场结构特点十分显著。体育场为特级体育建筑，大型体育场馆，主体结构设计使用年限为100年，耐火等级为一级，抗震设防烈度为8度，地下工程防水等级为一级。2014年4月，中国当代十大建筑评审委员会从中国1000多座地标建筑中，综合年代、规模、艺术性和影响力四项指标，初评出二十个建筑，最终由此产生十大当代建筑。北京鸟巢——国家体育场为初评入围建筑之一。

（四）输入标题

将光标移到文档的起始位置处按〈Enter〉键，在新插入的一行中输入标题"国家体育场"。

（五）查找

单击"开始"→"编辑"→"高级查找"选项，弹出"查找和替换"对话框，如图2-4所示。在"查找"选项卡中将光标定位到"查找内容"文本框中，输入文字"2014 年 4 月"，单击"查找下一处"按钮，关闭此对话框，将光标移动到"2014 年 4 月"前面，再按〈Enter〉键，完成另起一段的要求。

图 2-4 "查找和替换"对话框

（六）合并

将光标移到"初评出二十个建筑，"的尾部，按下〈Delete〉键后即可与下一段合并。

（七）替换

将光标定位到文档末尾（用组合键〈Ctrl + End〉），打开"查找和替换"对话框，选择"替换"选项卡，在"查找内容"和"替换为"文本框中分别输入"国家体育场"和"中国国家体育场"，如图 2-5 所示。单击"更多"按钮在"搜索选项"中设置"搜索"为"向上"，然后单击"查找下一处"按钮，单击"替换"按钮即可（注意仅替换一处，不可单击"全部替换"按钮）。然后使用"撤销"按钮，返回原来没有加"中国"两字的状态。

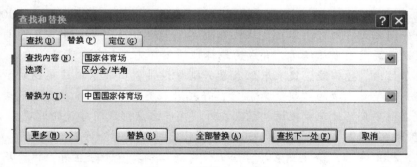

图 2-5 "替换"选项卡

006 替换

（八）字数统计

将光标移到文本任意处，单击"审阅"→"校对"→"字数统计"选项，弹出"字数统计"对话框，如图 2-6 所示，即可显示本文的总字数。分别单击"视图"菜单上的不同文档视图方式，如图 2-7 所示，可以观察不同视图方式下的文档效果。

（九）全部替换

将文档中所有的"体育场"改为红色并加着重号。在"查找和替换"对话框中，选择"替换"选项卡，将光标定位在"查找内容"文本框中，输入"体育场"，然后在"替换为"文本框中单击鼠标定位。再单击"更多"→"格式"按钮（见图 2-8），选择"字体"选

国家体育场

国家体育场（鸟巢）位于北京奥林匹克公园中心区南部，为 2008 年北京奥运会的主体育场。工程总占地面积 21 公顷，场内观众座席约为 91000 个。国家体育场曾举行了 2008 年奥运会、残奥会开闭幕式、田径比赛及足球比赛……民参与体育活动及享受体育娱乐的大型专业场所，并成为……团员责施工。体育场由雅克·赫尔佐格、德梅隆、艾未未……者们对这个场体育场的形态如同孕育生命的"巢"和摇篮……馆没有做任何多余的处理，把结构暴露在外……国家体育场于 2003 年 12 月 24 日开工建设……67 亿元。作为国家标志性建筑，2008 年奥运会主体场馆……体场为特级体育建筑，大型体育场馆，主体结构设计使……，抗震设防烈度为 8 度，地下工程防水等级为一级。
2014 年 4 月，中国当代十大建筑评审委员会……合年代、规模、艺术性和影响力四项指标，初评出二十个建……北京鸟巢——国家体育为初评入围建筑之一。

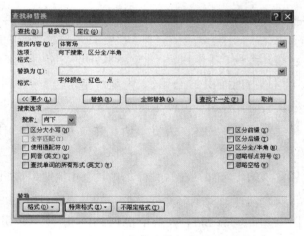

图 2-6　"字数统计"对话框

项，在"查找字体"对话框中选择字体颜色为红色并选择着重号。设置完成后单击"全部替换"按钮。

图 2-7　不同文档视图方式　　　　　　　　图 2-8　替换字体颜色设置

（十）特殊格式替换

将文档中所有的数字改为绿色。在"查找和替换"对话框中，选择"替换"选项卡，将光标定位在"查找内容"文本框中，单击"更多"按钮，再单击"特殊格式"按钮，选择"任意数字"选项，这时在"查找内容"文本框中显示"^#"符号，表示任意数字，如图 2-9 所示。然后将光标定位在"替换为"文本框中，单击"格式"按钮后选择"字体"选项，设置字体颜色为绿色，字形为"加粗　倾斜"，单击"确定"按钮。

（十一）保存文档

单击"文件"→"保存"选项，即可保存操作结果；单击"文件"→"退出"选项，则关闭该文档窗口。

样张 2-1 的最后操作效果如下。

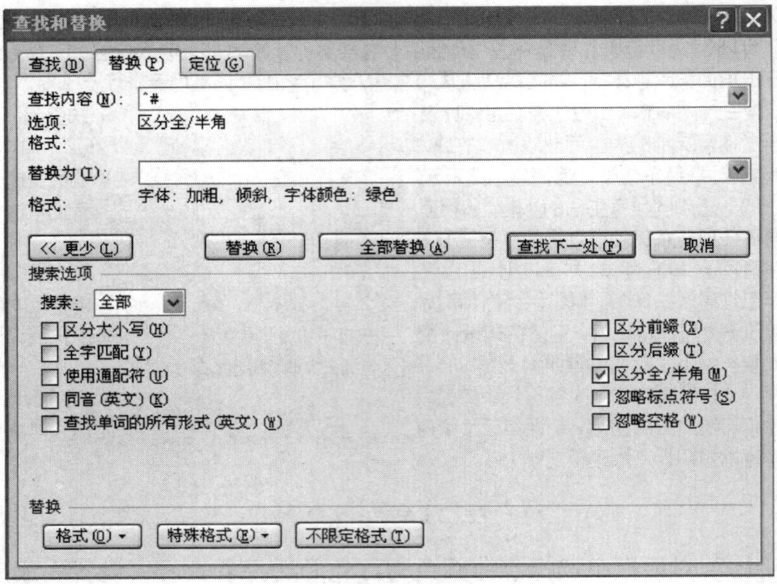

图 2-9 替换"特殊格式"

中国国家体育场

国家体育场（鸟巢）位于北京奥林匹克公园中心区南部，为 *2008* 年北京奥运会的主体育场。工程总占地面积 *21* 公顷，场内观众座席约为 *91000* 个。国家体育场曾举行了 *2008* 年奥运会、残奥会开闭幕式、田径比赛及足球比赛等多场赛事，奥运会后成为北京市民参与体育活动及享受体育娱乐的大型专业场所，并成为地标性的体育建筑和奥运遗产。

体育场由雅克·赫尔佐格、德梅隆、艾未未以及李兴刚等设计，由北京城建集团负责施工。体育场的形态如同孕育生命的"巢"和摇篮，寄托着人类对未来的希望。设计者们对这个场馆没有做任何多余的处理，把结构暴露在外，因而自然形成了建筑的外观。

国家体育场于 *2003* 年 *12* 月 *24* 日开工建设，*2008* 年 *3* 月完工，总造价为 *22.67* 亿元。作为国家标志性建筑，*2008* 年奥运会主体育场，国家体育场结构特点十分显著。体育场为特级体育建筑，大型体育场馆，主体结构设计使用年限为 *100* 年，耐火等级为一级，抗震设防烈度为 *8* 度，地下工程防水等级为一级。

2014 年 *4* 月，中国当代十大建筑评审委员会从中国 *1000* 多座地标建筑中，综合年代、规模、艺术性和影响力四项指标，初评出二十个建筑，最终由此产生十大当代建筑。北京鸟巢——国家体育场为初评入围建筑之一。

二、文本的格式化

（一）新建文档

双击打开"计算机"→"D 盘"→"学号＋姓名"文件夹→"学号＋姓名.docx"文件，即可打开"学号＋姓名.docx"文档窗口，单击"文件"→"另存为"选项，弹出"另存为"对话框，在"文件名"文本框后填入"学号＋姓名_bak.docx"，单击"保存"按钮即可。

（二）设置样式

选中标题，单击"开始"→"样式"按钮，弹出"样式"对话框，如图 2-10 所示。在列表中选"标题 1"，在格式工具栏中单击"居中"按钮，标题则居中显示；选择"字体"选项，在打开的"字体"对话框中按实训内容要求进行设置，将标题中的汉字设置为三号、蓝色，文字字符间距为加宽 3 磅，加上着重号；单击"页面布局"→"页面背景"→"页面边框"选项，弹出"边框和底纹"对话框，如图 2-11 所示。在"边框"选项卡中，线型设置为默认线型，线型宽度设置为 3 磅，颜色选择红色，在"应用于"下拉列表框中选择"文字"，为标题添加 25％的底纹。

图 2-10　"样式"对话框

019 水印、页面颜色、
页面边框

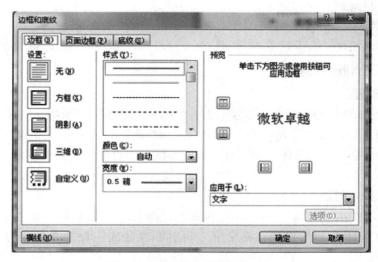

图 2-11　"边框和底纹"对话框

（三）设置拼音

选中第一段的第一个"国家"二字，单击"开始"→"字体"选项，单击图标按钮 ^{wén}变，弹出"拼音指南"对话框（见图 2-12），拼音为 10 磅大小，在此对话框中设置相关选项即可。

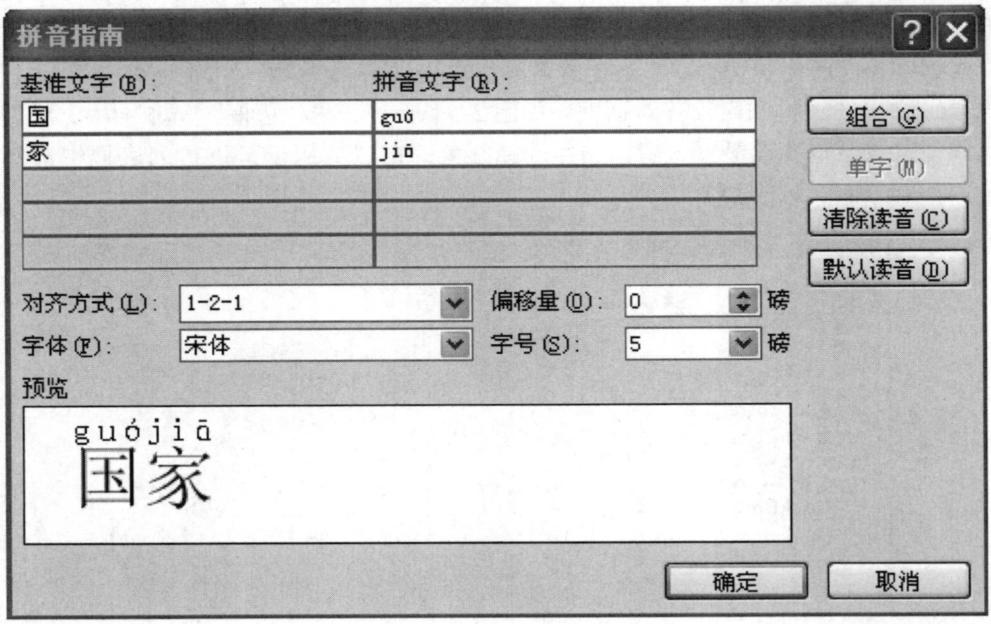

图 2-12 "拼音指南"对话框

（四）格式刷

选中第一段中的第一个"北京"二字，单击"字体"下拉列表框，在下拉列表中选择"楷体_GB2312"；并在"开始"→"剪贴板"中单击"格式刷"按钮 格式刷，再将鼠标移到第二个"北京"上，用"格式刷"完成设置（注意：单击"格式刷"按钮每次只能刷一个对象，双击"格式刷"可以连续刷）。

（五）繁简转换

选中"地标性的体育建筑和奥运遗产"，在"审阅"→"中文简繁转换"中单击 繁简转繁 按钮进行相应的转换。

（六）段落设置

选中第二段，单击"开始"→"段落"选项，弹出"段落"对话框，利用"段落"对话框的"缩进和间距"选项卡设置段前、段后间距，如图 2-13 所示。文字设置方法同前。将第二段正文中的文字设置为楷体、小四号，段前及段后间距均设置为 0.5 行，首行缩进 2 个字符。

（七）字体格式设置

将第一段正文中的"体育"两字设置为隶书、加粗，然后利用"格式刷"将本段后面的"体育"两字设置成相同格式；将文字"奥林匹克公园"添加单线字符边框；将文字

"大型专业场所"加单下画线；将文字"田径比赛"倾斜。

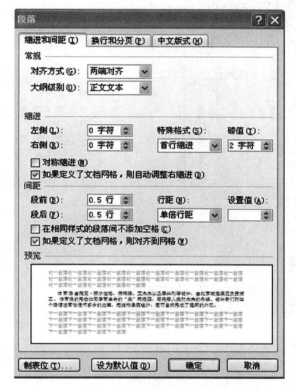

图 2-13 "段落"对话框

004 段落

（八）分栏和首字下沉

选中第二段，单击"页面布局"→"页面设置"→"分栏"→"更多分栏"选项，弹出"分栏"对话框，如图 2-14 所示。在"分栏"对话框中设置相关选项即可。单击"插入"→"文本"→"首字下沉"→"首字下沉选项"，弹出"首字下沉"对话框（见图 2-15），在此对话框中设置即可。

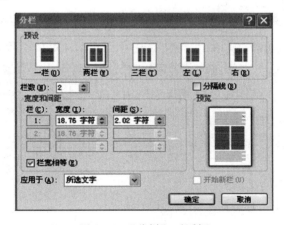

图 2-14 "分栏"对话框

018 分栏

016 首字下沉
公式与符号

图 2-15 "首字下沉"对话框

样张 2-1 再次操作后的效果如图 2-16 所示。

中 国 国 家 体 育 场

guojia

国家体育场（鸟巢）位于北京奥林匹克公园中心区南部，为 2008 年北京奥运会的主体育场。工程总占地面积 21 公顷，场内观众座席约为 91000 个。国家体育场曾举行了 2008 年奥运会、残奥会开闭幕式、田径比赛及足球比赛等多场赛事，奥运会后成为北京市民参与体育活动及享受体育娱乐的大型专业场所，并成为地標性的體育建築和奧運遺産。

体育场由雅克·赫尔佐格、德梅隆、艾未未以及李兴刚等设计，由北京城建集团负责施工。体育场的形态如同孕育生命的"巢"和摇篮，寄托着人类对未来的希望。设计者们对这个场馆没有做任何多余的处理，把结构暴露在外，因而自然形成了建筑的外观。

国家体育场于 2003 年 12 月 24 日开工建设，2008 年 3 月完工，总造价为 22.67 亿元。作为国家标志性建筑，2008 年奥运会主体育场，国家体育场结构特点十分显著。体育场为特级体育建筑，大型体育场馆，主体结构设计使用年限为 100 年，耐火等级为一级，抗震设防烈度为 8 度，地下工程防水等级为一级。

2014 年 4 月，中国当代十大建筑评审委员会从中国 1000 多座地标建筑中，综合年代、规模、艺术性和影响力四项指标，初评出二十个建筑，最终由此产生十大当代建筑。北京鸟巢——国家体育场为初评入围建筑之一。

图 2-16 样张 2-1 再次操作后的效果

三、非文本对象的插入与编辑

（一）插入图片

打开已有的"学号＋姓名_bak.docx"文档，在文档的首行添加"鸟巢"图片（图片可以通过网络自行下载，以 JPG 格式保存在文件夹内）。在文档的第一个字前定位，单击"插入"选项卡的 ■ 按钮，选择路径找到之前保存的"鸟巢"图片，添加后根据文本的排版适当调整图片的大小。

（二）添加艺术字

单击"插入"→"文本"→"艺术字"选项，添加第三行第四列艺术字，输入"奥运精神2008"，适当调整字体大小，单击鼠标右键选择"其他布局选项"，在"文字环绕"中选择"四周型"。保存后效果如图 2-17 所示。

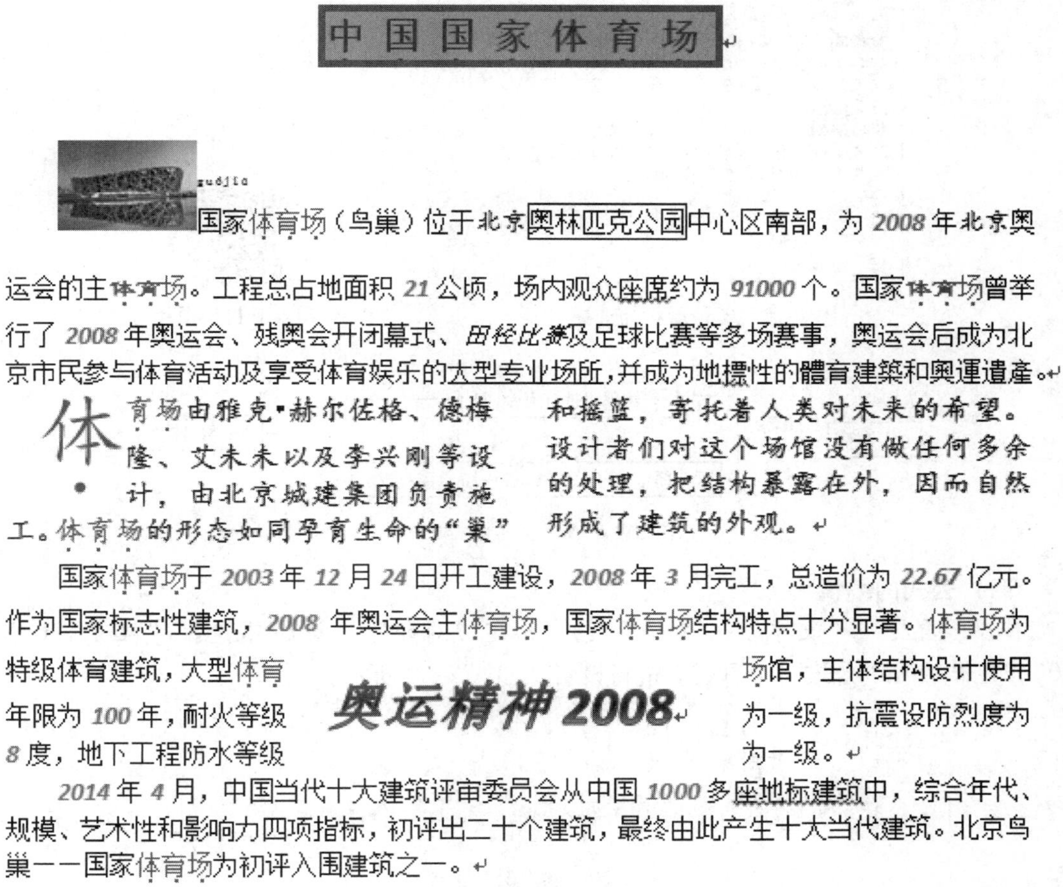

中国国家体育场

国家体育场（鸟巢）位于北京奥林匹克公园中心区南部，为 2008 年北京奥运会的主体育场。工程总占地面积 21 公顷，场内观众座席约为 91000 个。国家体育场曾举行了 2008 年奥运会、残奥会开闭幕式、田经比赛及足球比赛等多场赛事，奥运会后成为北京市民参与体育活动及享受体育娱乐的大型专业场所，并成为地摆性的體育建築和奧運遺產。

体·育场由雅克•赫尔佐格、德梅隆、艾未未以及李兴刚等设计，由北京城建集团负责施工。体育场的形态如同孕育生命的"巢"和摇篮，寄托着人类对未来的希望。设计者们对这个场馆没有做任何多余的处理，把结构暴露在外，因而自然形成了建筑的外观。

国家体育场于 2003 年 12 月 24 日开工建设，2008 年 3 月完工，总造价为 22.67 亿元。作为国家标志性建筑，2008 年奥运会主体育场，国家体育场结构特点十分显著。体育场为特级体育建筑，大型体育年限为 100 年，耐火等级 8 度，地下工程防水等级

奥运精神2008

场馆，主体结构设计使用为一级，抗震设防烈度为为一级。

2014 年 4 月，中国当代十大建筑评审委员会从中国 1000 多座地标建筑中，综合年代、规模、艺术性和影响力四项指标，初评出二十个建筑，最终由此产生十大当代建筑。北京鸟巢——国家体育场为初评入围建筑之一。

图 2-17　插入图片和艺术字的文档

（三）图形的编辑

单击"插入"→"插图"→"形状"选项，利用"形状绘图"工具栏绘制流程图，在子菜单中选择"流程图"选项，如图 2-18 所示，从中选择合适的图形及箭头即可。

选择相应的形状完成如图 2-19 所示的流程图。

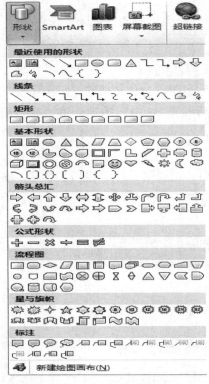

图 2-18　各种形状的选择

012　形状和图片

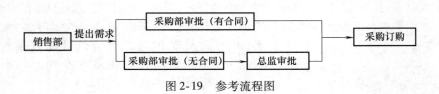

图 2-19　参考流程图

（四）公式的编辑

单击"插入"→"文本"→"对象"选项，在"对象"对话框中选择"Microsoft 公式3.0"，在显示的"公式"工具栏中进行设置，如图 2-20 所示。

$$M \text{ 点的曲率：} K = \lim_{\Delta s \to 0} \left| \frac{\Delta \alpha}{\Delta s} \right| = \left| \frac{\mathrm{d}\alpha}{\mathrm{d}s} \right| = \frac{|y''|}{\sqrt{(1+y'^2)^3}}.$$

$$\int_L f(x,y)\,\mathrm{d}s = \int_\alpha^\beta f[\varphi(t),\psi(t)]\sqrt{\varphi'^2(t)+\psi'^2(t)}\,\mathrm{d}t \quad (\alpha < \beta) \qquad \text{特殊情况：} \begin{cases} x = t \\ y = \varphi(t) \end{cases}$$

图 2-20　参考公式的编辑

四、表格的编辑

（一）插入表格

在常用工具栏中，单击"插入"→"表格"按钮，可以根据具体要设计的内容进行行数和列数的选择，如图 2-21 所示。

图 2-21 表格行列的选择

010 表格

（二）添加行数和列数

如果需要添加行数和列数，则将光标停留在表格最后一列，单击鼠标右键，在弹出的快捷菜单中"插入"子菜单中选择"在右侧插入列"或根据需要选择其他的选项，如图 2-22 所示。

（三）设计表头

将光标定位在第一个单元格，单击"表格工具"→"设计"→"表格样式"→"边框"选项，显示下拉列表，可以进行表头的设计和内容的填充。

（四）内容布局

在表格中可以将输入的文本布局在表格的不同位置。选中表格内容，单击鼠标右键可以进行布局的选择，如图 2-23 所示。

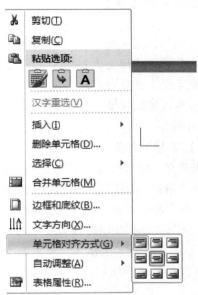

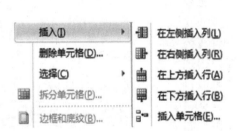

图 2-22 插入行和列

图 2-23 表格内容的布局

（五）改变行列大小

表格的大小可以通过拖动行和列来实现。鼠标变成不同的形状可以进行拖动，当鼠标放在两行间有两小行平行于行时可以拖动行，当鼠标放在两列间有两小列平行于列时可以拖动列，就可以调整表格行、列的大小。

（六）边框和底纹的设计。

在"设计"选项卡中，有 ，选择边框和底纹进行表格的修饰和设计。

（七）合并单元格

选定要合并的两个或多个单元格；单击"布局"选项卡的"合并"组中的"合并单元格"按钮；或单击鼠标右键，在弹出的快捷菜单中选择"合并单元格"选项，如图 2-24 所示。

（八）拆分单元格

选定要拆分的一个单元格；单击"布局"选项卡的"合并"组中的"拆分单元格"按钮；或单击鼠标右键，在弹出的快捷菜单中选择"拆分单元格"选项。在"拆分单元格"对话框中需输入拆分的行数。

（九）表格与文字的转换

1. 表格转换成文本

Word 可以将文档中的表格内容转换为以逗号、制表符、段落标记或其他指定字符分隔的普通文本。光标定位在表格，单击"布局"选项卡的"数据"组中的"转换为文本"按钮，在弹出的"表格转换成文本"对话框中设置要当作文本分隔符的符号，如图 2-25 所示。

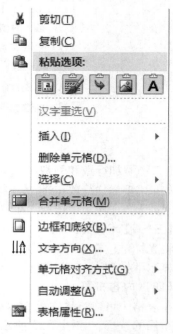

图 2-24 "合并单元格"选项

2. 文字转换成表格

如果要把文字转换成表格，文字之间必须用分隔符分开，分隔符可以是段落标记、逗号、制表符或其他特定字符。选定要转换为表格的正文，单击"插入"选项卡的"表格"中的"文本转换成表格"选项，在弹出的"将文字转换成表格"对话框中设置相应的选项，如图 2-26 所示。

（十）表格的计算

单击要存入计算结果的单元格。选择"布局"选项卡，单击"数据"组中的"公式"按钮，打开"公式"对话框。在"粘贴函数"下拉列表框中选择所需的计算公式。如"SUM"，用来求和，则在"公式"文本框内出现" = SUM（ ）"。在公式中输入" = SUM（LEFT）"可以自动求出所有单元格横向数字单元格的和，输入" = SUM（ABOVE）"可以自动求出纵向数字单元格的和，如图 2-27 所示。

图 2-25 表格转换成文本

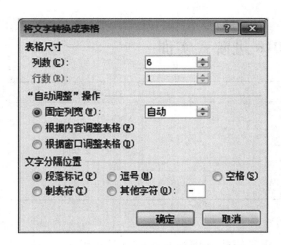

图 2-26　文本转换成表格　　　　　图 2-27　"公式"对话框

（十一）制作表格

根据上述表格的制作方法完成如图 2-28 所示的表格。

课题名称								
主题词								
课题类别	A. 重点课题　　B. 一般课题							
学科分类			研究类型		A. 基础理论　　B. 应用研究　　C. 调查研究 D. 综合研究			
负责人姓名		性别		年龄		学历		
行政职务			专业职务			研究专长		
主要参加者	姓名	性别	出生年月	专业职务	研究专长	学历	学位	工作单位
推荐人姓名		专业职务		工作单位				
预期的主要成果		A. 专著　　B. 译著　　C. 论文　　D. 研究报告　　E. 工具书　　F. 电脑软件　　G. 其他						
筹集经费（单位：万元）		·	万元	预期完成时间		年　月　日		

图 2-28　参考表格

第二节　Word 2010 进阶式实训

实训目的与要求	实训学时
1. 掌握设置样式的操作方法。 2. 掌握如何进行页面设置及如何分页、分节。 3. 熟悉如何在同一篇文档设置不同的页眉、页脚。 4. 了解设置大纲级别。 5. 掌握如何生成目录。	2 学时

给定一篇文档，按要求进行排版。

论文格式排版练习，要求各章题序、标题、正文格式全用样式去做，禁止手工一段一段进行调整、排版。要求如下：

1）正文采用 A4 页面，其中上边距设置为 3.5cm，下边距设置为 2.5cm，左边距设置为 3.0cm，右边距设置为 2.4cm，装订线设置为左侧 0.5cm，页眉距边界 2.5cm，页脚距边界 1.8cm，行间距设置为固定值 22 磅。

2）目录按章、节、条三级标题编写，要求标题层次清晰。理工类专业按（1、1.1、1.1.1……）格式编写。目录要求层次清晰，且与正文中标题一致。主要包括中文摘要及关键词、外文摘要及关键词、正文主要层次标题、结论、致谢、参考文献、附录等。设计（论文）文本每页必须有页码，目录中必须标明页码。目录中从正文部分开始编写页码，摘要部分不应记入目录页码中。

3）从正文首页开始编写页码，采用页脚方式设定，采用五号宋体，阿拉伯数字、右下角。页眉内容一律为"湖北理工学院毕业设计论文"，采用小五号宋体，居中。

4）致谢必须另起一页，"致谢"用四号黑体、居中，内容按正文文本要求排版。

5）参考文献用五号宋体，具体格式如下。

期刊类：［序号］作者. 篇名［J］. 刊名，出版年份，卷号（期号）：起止页码.

专著类：［序号］作者. 书名［M］. 出版地：出版社，出版年份.

报纸类：［序号］作者. 篇名［N］. 报纸名，出版日期（版次）.

电子文献：［序号］主要责任者. 电子文献题名. 电子文献出处或可获得地址，发表或更新日期/引用日期.

一、设置、使用样式

《毕业设计（论文）初稿》文档如下所示：

> 湖北理工学院
> 毕业设计（论文）
> 题目：人力资源管理系统的设计与分析
> 学院：计算机
> 专业名称：网络工程

学号：201540420114

学生姓名：张三

指导教师：李四

2018 年 5 月 5 日

摘要

　　人力资源是一个企业单位不可缺少的部分，是适应现代企业制度，推动企业人力资源管理走向科学化、规范化、自动化的必要条件。为了加快企业的信息化步伐，提高企业的管理水平以在激烈的社会竞争中立于不败之地，建设和完善人力资源管理系统已经变得十分必要和迫切。

　　……

　　关键词：人力资源管理系统；薪资管理模块；JSP + Hibernate + Struts2 + Spring

Abstract

　　The human resources management system is an enterprise unit essential part，adapts the modern enterprise system，impels the enterprise human resources management to move towards scientific，and standardizes the automated essential condition. In order to speed up the enterprise the information step，to enhance the enterprise the management level by to be in an impregnable position in the intense social competition，the construction and the consummation human resources management system already became extremely essential and urgent.

　　……

　　Key words：Human resource information systems；Wage management module；JSP + Hibernate + Struts2 + Spring

1　引言

1.1　系统的研究背景

　　现在网络的发展已呈现商业化、全民化、全球化的趋势[1]。人力资源管理系统出现于 20 世纪 60 年代末期，当时计算机技术已步入实用阶段，而在此之前企业一直是用手工计算和发放员工薪资，这种管理方式既费时又费力而且很容易出现差错，为了解决这个问题，第一代的人力资源管理系统产生了。由于当时的技术水平和需求的限制，使用的用户很少，而且那种管理系统除了具有自动计算企业员工薪酬的功能外，基本上再没有其他更多如报表生成和数据分析等功能，而且也不保留任何的历史记录信息。但是，它的出现却为未来企业人力资源管理呈现了一幅美好的画面，即用计算机的自动化和高速度来替换传统人工巨大的工作量，用计算机的高精度性来避免手工的误差和错误，使企业大规模地集中处理员工的工资成为可能。

　　……

1.2　国内外研究现状

　　我国人力资源的开发和管理的路还比较难走，我国人力资源的总体素质跟我国的大国地位在很多方面依然很不相符。我们必须清楚地意识到：实际上人力资源开发与管理的胜利就是在国际上的竞争胜利。国家经济发展很大程度上与它的人力资源开发和管理的成功存在极大的关联，现如今追求发展，搞现代化的单位、地区、国家，都在注意将发展的重点向着战略方向转移；也即从原来的自然资源、资本资源向人力资源方面转移，也即是将原来的以事、物为中心"以物为本"的管理，转向"以人为本"的管理。[4]

......

1.3 本文的主要研究工作

......

2 系统分析

2.1 可行性分析

人力资源管理系统的设计与分析是针对企业复杂的招聘管理业务和流程而开发的一套人力资源信息化管理系统。一个小型的人力资源管理系统应具有招聘管理、人事管理、岗位管理、考勤管理、薪资管理等功能，可行性研究包括：技术可行性、经济可行性、操作可行性三个。

2.1.1 技术可行性

人力资源管理系统采用 JSP + Hibernate + Struts2 + Spring + MySQL 的开发模式，数据库服务器端选择 MySQL 数据库。MySQL 是一个开放源码的小型关联式数据库管理系统，其体积小、速度快、总体拥有成本低，操作简单、容易实现、容易维护。

......

2.1.2 经济可行性

开发一个功能全面的人力资源管理系统对一个企业来说具有良好的经济效益。人力资源管理系统通过提高企业人才技能的适用率、发挥率和有效率，达到人尽其才、人尽其能，最大限度地发挥企业人才的潜能，最终实现企业利润最大化的目标。由此可见，用这套人力资源管理系统所取得的效益将是巨大的。因此，经济方面是可行的。

......

2.1.3 操作可行性

开发人力资源管理系统，选择一个优秀的数据库管理系统作为开发平台，将给日后的维护工作带来很大的方便。系统前台界面美观简洁，适合寻找查看，因此，操作上是可行的。

......

2.2 系统开发环境介绍

2.2.1 Java 概述

Java 是由 Sun Microsystems 公司于 1995 年 5 月推出的 Java 面向对象程序设计语言（以下简称 Java 语言）和 Java 平台的总称[6]，由 James Gosling 和同事们共同研发，并在 1995 年正式推出。用 Java 实现的 HotJava 浏览器（支持 Java Applet）显示了 Java 的魅力：跨平台、动态的 Web、Internet 计算。从此，Java 被广泛接受并推动了 Web 的迅速发展，常用的浏览器均支持 Java Applet。另一方面，Java 技术也在不断地更新。Java 技术包括 Java 编程语言、Java 类文件格式、Java 虚拟机和 Java 应用程序接口（Java API）。

……

2.2.2　SSH 三大架构体系结构介绍

Struts 是一个基于 Sun J2EE 平台的 MVC 框架，主要是采用 Servlet 和 JSP 技术来实现的[10]。其中，它对 Module 没有做特殊的限制，主要是在控制器上做了工作，其核心控制器是 ActionServlet。首先接受客户端请求，然后会根据配置文件交给相应的局部控制器来处理。该框架的 View 层主要是由 Jsp 和 Tags 构成。Struts 把 Servlet、自定义标签、JSP 与信息资源（Message Resources）统一整合在一个框架中，开发人员用它进行开发时不需要自己再编码实现整套 MVC 模式，在一定限度上节省了时间，所以说 Struts 是一个很好的应用框架。

……

2.2.3　MySQL 介绍

MySQL 是一个开放源码的小型关联式数据库管理系统，开发者为瑞典 MySQL AB 公司。目前 MySQL 被广泛地应用在 Internet 上的中小型网站中。由于其体积小、速度快、总体拥有成本低，尤其是开放源码这一特点，许多中小型企业选择了 MySQL 作为网站数据库。

……

3　需求分析

需求分析是系统程序开发的必要步骤，也是系统开发的重中之重。而需求规格说明书作为该过程的结果主要描述了系统的功能和行为的完整性。系统的设计是来自于由需求分析的抽象规格说明所转变的面向真实世界的设计。系统一旦设计完成并通过测试就会投入使用，同时在使用过程中会根据实际情况而将会产生更多的新需求。与此同时，需求过程与分析活动之间在某种程度下将会重叠，分析建模对于设计系统时所设定工作的范围和处理其他事情来说很有必要，因此我们利用分析所建模型来描述系统需求过程，伴随着系统开发工作的继续，系统分析在实际工作中占的比重将会越来越大，直到系统的所有需求都为已知。

……

3.1　性能需求与硬件约束

3.1.1　性能需求

……

3.1.2　硬件约束

……

3.2　软件系统结构设计功能图

3.2.1　系统结构总功能

3.2.2　人事管理模块功能

……

3.2.3　部门管理模块功能

……

3.2.4　招聘管理模块功能

……

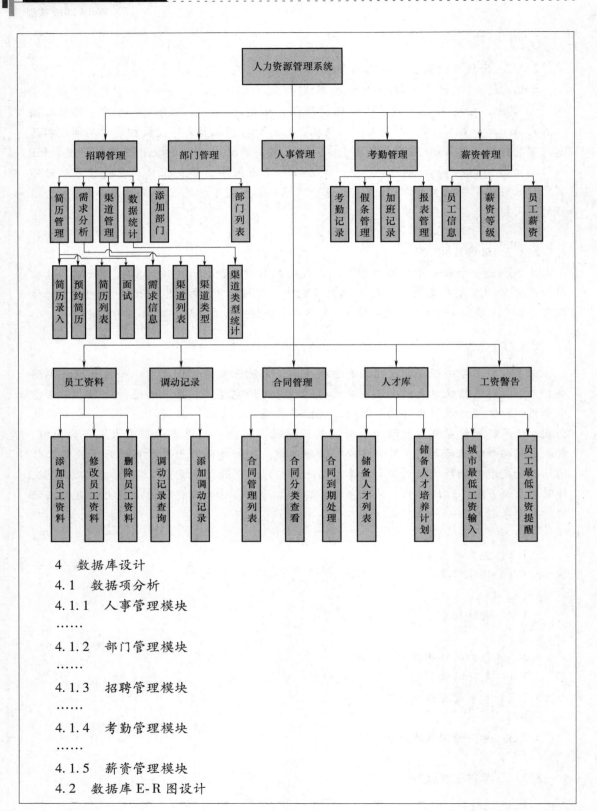

4　数据库设计

4.1　数据项分析

4.1.1　人事管理模块

......

4.1.2　部门管理模块

......

4.1.3　招聘管理模块

......

4.1.4　考勤管理模块

......

4.1.5　薪资管理模块

4.2　数据库E-R图设计

4.3　实体图设计

……

4.4　数据库表设计

表 4-1　员工基本信息表

列　名	含　义	数 据 类 型	长　度	约　束
id	编号	int	11	主键 Unique
Staff_id	员工的工号	int	11	not null
Staff_name	员工的名字	carchar	20	nt null
Staff_Pass	员工密码	varchar	20	not null
Staff_sex	员工的性别	varchar	4	not null
Staff_birth	员工的生日	varchar	16	not null
Staff_homeAddress	户籍	varchar	20	not null
Staff_education	学历	varchar	40	not null
Staff_tele	电话	varchar	12	not null
Staff_department	部门	varchar	30	not null
Staff_post	岗位	varchar	30	not null
Staff_beginTime	入职日期	varchar	15	not null
Staff_state	状态	int	1	not null
Staff_salary	基本工资	float	10	not null
Staff_level	员工级别	int	1	not null

5　详细设计

5.1　登录界面设计

……

5.2　人事管理模块设计

……

5.3　部门管理模块设计

……

5.4　招聘管理模块设计

……

5.5　考勤管理模块设计

……

5.6　薪资管理模块设计

……

6　系统调试与测试

……

6.1　系统程序调试

……

6.2　系统程序测试

……

6.2.1　测试的重要性和目的

……

6.2.2　测试方法的设计

……

7　总结

在李四老师的悉心指导和严格要求下，我已经完成了本次毕业论文的设计，我想我应该对自己这段时间完成的毕业论文设计做一个总结。通过几个月来的忙碌和紧张而又有条不紊的毕业论文的设计，使我对所学专业的基本理论、基本技术和专业知识有了更深入的了解和体会，使我对大学四年所学到的知识得到了系统的升华，对所学知识真正达到了学以致用的境界。

致谢

时间如流水，很快校园象牙塔似的四年学生生活就要结束了，在这四年的大学生活中，我学到了很多知识，同时自己的专业知识方面更是有了很大的提高，这是我一生当中最宝贵的财富，是不断进行自我超越的历程。在这大学生活的最后阶段，我由衷地向学校的各位老师和我的同学表示我最真诚的感谢，感谢在这四年的学习生活中他们对我的帮助和关心。

参考文献

[1] 苗春义. Java 项目开发全程实录 [M]. 北京：清华大学出版社，2009.
[2] 李清黎，徐慧娟. 人力资源管理系统的现状及不足 [J]. 当代经济，2009，1（3）：1-4.
[3] 张海藩. 软件工程导论 [M]. 北京：清华大学出版社出版，2003.
[4] 陈思，张向前. 中小企业人力资源管理现状分析 [J]. 商业研究，2009，6（386）：1-5.

（一）打开文档

在"开始"→"样式"选项组中单击下拉按钮，如图 2-29 所示。

图 2-29　打开"样式"选项组

（二）设置样式

1）打开"样式"任务窗格，单击"新建样式"按钮，如图 2-30 所示。

2）打开"根据格式设置创建新样式"对话框，并在"名称"文本框中输入"论文正文"，单击"样式类型""样式基准""后续段落样式"和格式相关的下拉按钮，按图 2-31

所示进行设置。

图 2-30 "新建样式"按钮

005 样式

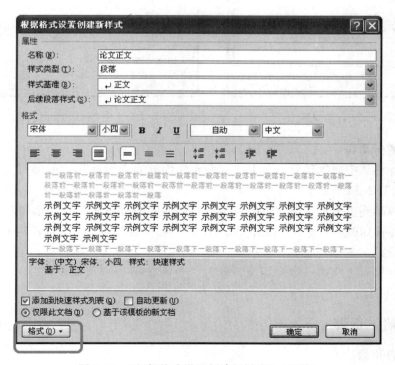

图 2-31 "根据格式设置创建新样式"对话框

3）单击左下角的"格式"按钮，选择"段落"。按图 2-32 所示进行设置，并单击"确定"按钮。

4）选中文档的正文部分后，单击样式中的"论文正文"，将文档的正文部分全部设置成"论文正文"的样式。

二、页面布局

（一）设置页边距

单击"页面布局"→"页面设置"→"页边距"→"自定义边距"，按图 2-33 所示进行设置。

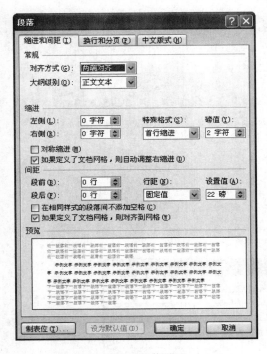

图 2-32　段落设置

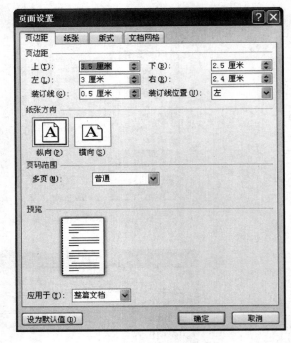

图 2-33　页面设置

（二）设置分页符

1）将光标移到中文摘要前，单击"页面布局"→"页面设置"→"分隔符"→"分节符"→"下一页"，如图 2-34 所示。

2）将光标移到英文摘要前，单击"页面布局"→"页面设置"→"分隔符"→"分页符"。

3）将光标移到英文摘要后，单击"页面布局"→"页面设置"→"分隔符"→"分页符"，并输入内容"目录"。

4）将光标移到正文第一章标题前，单击"页面布局"→"页面设置"→"分隔符"→"分节符"→"下一页"。

三、设置页眉、页脚

（一）设置页眉

1）单击"插入"→"页眉页脚"→"页眉"→"编辑页眉"，把光标移到第一页（封面）

页面处，选中"首页不同"复选框，如图 2-35 所示。因为封面不设置页眉，所以不输入任何内容。

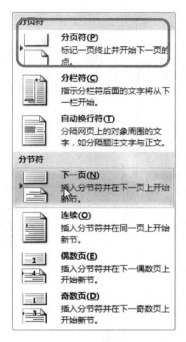

图 2-34　插入分节符　　　　　017 页面设置

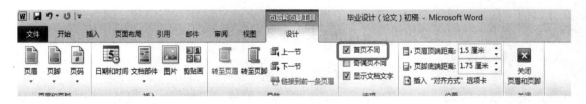

图 2-35　插入首页不同页眉

2）将光标移置中文摘要所在页的页眉处，取消"首页不同"复选框并输入页眉信息。

（二）设置页脚

1）单击"转至页脚"，将光标移至中文摘要所在页的页脚处，单击"页码"→"页面底端"→"普通数字3"，这样就在该页插入了页码"2"。选中数字"2"，单击"页码"→"设置页码格式"，单击"编号格式"下拉箭头，选中罗马数字，在"页码编号"中选中"起始页码"单选按钮，并单击"确定"按钮，如图 2-36 所示。

2）将光标移至正文第一页所在页的页脚处，选中页码数字，单击"页码"→"设置页码格式"，在"页码编号"中选中"起始页码"单选按钮，并单击"确定"按钮，单击"关闭页眉和页脚"按钮。

四、设置文档格式

将封面、中英文摘要设置成文档要求的格式。将正文中第一章的一级标题设置为"黑体，三号字，居中"，选中标题内容，用鼠标右键单击，选中"段落"，在弹出的对话框中，将对齐方式设为"居中"，大纲级别设为"1 级"，将行距设为"固定值，22 磅"。单击"确定"按钮后，双击"开始"菜单中的"格式刷"按钮，将正文中的所有一级标题设置成文档要求的格式。按同样的办法设置二级、三级标题。

图 2-36　设置页码格式

014 页眉页脚

五、生成目录

（一）插入目录

将光标移至英文摘要的下一页要插入目录处，单击"引用"→"目录"→"插入目录"，在弹出的"目录"对话框中勾选"显示页码"和"页码右对齐"复选框，设置制表符前导符样式；在"常规"选项组中设置目录格式与级别为"来自模板"和"3 级"。

（二）修改目录

单击"修改"按钮，在弹出的"样式"对话框中选中"目录 1"，单击"修改"按钮，在弹出的"修改样式"对话框中，将格式设置为"黑体，四号字，加粗"，然后单击"格式"→"段落"，在弹出的"段落"对话框中，将对齐方式设为"两端对齐"，大纲级别设为"1 级"，将行距设为"固定值，22 磅"，如图 2-37 所示。

（三）设置格式

连续单击"确定"按钮。在"样式"对话框中选中"目录 2"，单击"修改"按钮，在弹出的"修改样式"对话框中，将格式设置为"黑体，小四号字，"，然后单击"格式"→"段落"，在弹出的"段落"对话框中，将对齐方式设为"两端对齐"，大纲级别设为"2 级"，缩进左侧"2 字符"，将行距设为"固定值，22 磅"。

（四）修改样式

连续单击"确定"按钮。在"样式"对话框中选中"目录 3"，单击"修改"按钮，在弹出的"修改样式"对话框中，将格式设置为"宋体，小四号字"，然后单击"格式"→"段落"，在弹出的"段落"对话框中，将对齐方式设为"两端对齐"，大纲级别设为"3 级"，缩进左侧"4 字符"，将行距设为"固定值，22 磅"。连续单击"确定"按钮，就成功地按要求插入了目录，如图 2-38 所示。

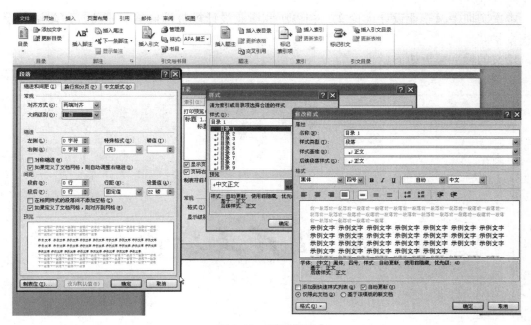

图 2-37　目录设置

湖北理工学院　　　　　　　　毕业设计（论文）

目　录

图 2-38　设置好的目录

020 目录设置

本次实训中《毕业设计（论文）初稿》和毕业设计模板请向编者索要，另附毕业设计初稿素材。

论文的标准模板如下。

湖北理工学院

毕 业 设 计 （论文）

题　　目：＿＿＿＿＿＿＿

＿＿＿＿＿＿＿

学　　　院：＿＿＿＿＿＿

专业名称：＿＿＿＿＿＿

学　　　号：＿＿＿＿＿＿

学生姓名：＿＿＿＿＿＿

指导教师：＿＿＿＿＿＿

年　　月　　日

上页边距为
3.5cm

页眉一律按照此
模版字样编辑

正文采用小四号宋
体，行间距采用固
定值22磅

湖北理工学院　　　　　毕业设计（论文 **样张一**

摘　要

三号黑体，居中，"摘要"二字中间空两格

步入20世纪90年代，关系数据库管理系统产品日趋成熟。为适应时代发展的需要，许多新型数据库模型应运而生，时态数据库便是其中一份子。时态数据库是人类创造力在时间维上的延伸，旨在高效地存储和利用时态数据，它在自然现象观测、自然灾害对策、古地质研究、考古和金融股票方面的应用在国外已经开始试用，并不断有原型和报告发表。本文所涉及的 Hbase 便是一个 32MB 内存模拟时态主存数据库的原型。Hbase 从第一次用 Pascal 语言在 DOS 平台上开发到现在用 Visual C++ 5.0 在 Windows 95 平台上开发，经历了三次升级。而且还以 Hbase for Windows 2.5 版为核心，与四川省科技情报所合作，成功地开发了一个 Internet 机器翻译系统，即信译系统。

数据操纵语言是一个数据库管理系统的重要组成部分，用户通过这些语言对数据库进行修改。数据操纵语言使用方便、快捷与否，直接影响该数据库管理系统的市场前景。在 Hbase 的移植过程中，本文主要做了以下工作：

（1）　介绍 Hbase 的背景和结构体系；

（2）　改造、调试工具模块；

（3）　分析工作区模块；

（4）　讨论数据操纵语言的开发方法；

（5）　改造、调试数据操纵语言的连接模块。

（关键字应为3~5个）

关键词： 时态数据库；　数据操纵语言；　连接；　投影；　移植

左页边
距3cm

右页边距
2.4cm

页码采用宋
体五号字，
靠右对齐

下页边距
为2.5cm

I

正文采用小四号Times New Roman，行间距采用固定值22磅

湖北理工学院　　　　　毕业设计（论文）

样张二

Abstract （三号，居中）

Relational Data Base Manage System has been more ripened since 1990. For the time's development , many new data base models were introduced , such as Temporal Data Base Manage System (Temporal DBMS) . Temporal DBMS is the extension of human creativity in time dimension , with the ability of storing and using temporal data efficiently . Its application on the observation of natural phenomenon , the tactic of handling the natural disaster , the research of the antiquity geology , archaeology , finance and stock , had being in use on aboard , further more many prototypes and reports had been published successively . Hbase , which is introduced in this paper , is just a prototype of Temporal DBMS over 32MB memory platform. Its first version was completed by Pascal in DOS , but its latest version is to be achieved by Visual C++ 5.0 in Windows 95 . In the cooperation of SiChuan Union University and SiChuan Science and Technical Information Institute , we successfully developed an Internet machine translation system called Xin Yi System based on Hbase for Windows 2.5 .

Data Manipulation Language (DML) is one of the main component of DBMS , and users can use it to modify DBF directly . The friendliness and performance of DML influence the prosperity of this DBMS's market . In this transplant , the main contribution of this paper are :

（1） Introduce the background , construct system of the Hbase ;

（2） Modify and debug the Tool model ;

（3） Analyses the WorkArea model ;

（4） Discuss the method to develop DML ;

（5） Modify and debug the Join model of DML .

Key words: Temporal DBMS； DML； Join； Projection； Transplant

论文中的英文字符全部采用 Times New Roman 字体。

II

目录一级标题采用黑体，四号字，加粗

三号字，黑体，居中，"目录"二字中间空两格

湖北理工学院

样张三

目　录

目录中二级标题采用黑体，小四号字，左边空两格

目录中三级标题采用宋体，小四号字，左边空四格

目录中的致谢、参考文献、附录不加章节号，正文中也不应添加

目录中的行间距为固定值22磅，若有1~2行换页，可做适当调整，并为一页如果内容太多则排成2页

III

正文中一级标题采用黑体，三号字，居中

正文中二级标题采用黑体，四号字

湖北理工学院　　　　毕业设计（论文） **样张四**

正文采用小四号宋体，行间距采用固定值22磅

6 开发 DML 模块的方法

6.1 连接操作的实现

6.1.1 连接操作的基本原理

正文中三级标题采用宋体，小四号字，加粗

连接（Join）亦称 θ 连接，它是从两个关系的笛卡儿积中选取属性间满足一定条件的元组。设有元组 $r = (a_1, \cdots, a_m)$，$t = (b_1, \cdots, b_n)$。元组 r 和 t 的简单拼接记为

$$r \bullet t = (a_1, \cdots, a_m, b_1, \cdots, b_n)$$

设关系 R 和 T 的属性集分别为 XY 和 YZ，其中 $X \cap Z = \varnothing$，Y 为公共属性集，元组 $r \in R$，$t \in T$，t 在属性集 Z 上的投影记为 $t[Z]$，则 r 和 t 的自然连接简称连接，定义为

$$r \text{ Join } t = r[X] \cdot r[Y] \cdot t[Z] \qquad \text{如果} r[Y] = t[Y] \text{或} Y = \varnothing$$
$$r \text{ Join } t = \varnothing \qquad \text{如果} Y \neq \varnothing \text{且} r[Y] \neq t[Y]$$

关系 R 和 T 的自然连接定义为

$$R \text{ Join } T = \{ r \text{ Join } t \mid r \in R, t \in T \}$$

分析上述定义可知，实现自然连接的关键是[1]：

(1) 结构的连接，如上述的属性集 XY 和 YZ 连接成 XYZ。

(2) 元组的连接，把公共属性上值一致的元组连接起来。

(3) 利用二重循环语句和元组连接实现关系的连接。

6.1.2 Hbase 中 Join 的命令格式

Hbase 中连接命令的格式为：

Join with DBFiName to NewFiName [for<条件>][Fields<字段名表>]

DBFiName 是被连接数据库的文件名，NewFiName 是生成的新数据库的文件名，如图 6-1 所示。

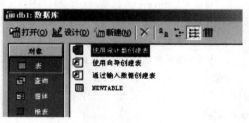

图 6-1

36

第三节　Word 2010 综合应用实训

一、Word 图文混排 1

对样张（见图 2-39）进行下列操作。完成操作后，保存文档，并关闭 Word 2010。

图 2-39　图文混排 1 样张

1）将正文设置为"华文行楷、小四"，段前段后间距设置为"0.5 行"。

2）将第一段"有个朋友说他最……完全是信赖。"的首字下沉 2 行，距正文"0.5 厘米"，字符间距缩放比例设置为"150%"。

3）将第二段和第三段的首行缩进为 2 个字符。

4）添加页眉"心灵鸡汤　　第 1 页"。添加页脚"现代型奇数型"。

5）插入标题艺术字"灵感"，艺术字样式为：填充"橙色"，强调文字颜色，内部阴影。形状样式为：细微效果，蓝色，强调颜色，艺术字的环绕方式为穿越型。

6）将最后一段"助人为乐"添加蓝色边框，填充黄色底纹。

7）插入一张 3 行 8 列的表，并套用样式为"浅色列表—强调颜色"。

二、Word 图文混排 2

1）建立一个新的 Word 2010 文档，并按如下要求输入并编辑文档。

① 输入以下文档内容。

② 将标题居中。

③ 统计文档字数。

④ 将文档保存在 D 盘的 MYDIR 文件夹中，文件名为 WD31.docx。

> **未来计算机真神奇**
>
> 　　科学家们一直尝试研制未来新一代计算机。
>
> 　　现在的计算机是通过把一些指令蚀刻到硅芯片上进行数据传送的，这种技术历经十多年高速的发展已经穷途末路。在此之前，科学家们注意到，与硅相比，晶体蓄电时能更有效地吸收和组织数据。惠普公司依此提出了"分子计算机"的模型，并制作出构成分子计算机的基础部件的最为关键的"逻辑门"。假若这种晶体式结构的"分子计算机"最终成真，并替代硅芯片计算机，那么未来的计算机将会小似谷粒。

2）关闭当前文档，退出 Word 2010。

3）创建新文档，输入以下内容，并将文档保存在 D 盘的 MYDIR 文件夹中，命名为 WD32. docx。

> 　　与惠普远见略同的加州洛杉矶大学研制小组的一位化学教授称："分子计算机的计算能力将是奔腾芯片的 1000 亿倍。在将来，米粒那么大的一台计算机的处理能力，相当于现在拥有 100 多台工作站的超级计算机中心！"在极具美好想象的计算机科学家口中，我们还听到他们说，"分子计算机"比现在的 PC 更节能，更可永久地保存大数量级的信息，还能对病毒、死机等计算机痼疾具有免疫力。

4）打开文档 WD31. docx，将文档 WD32. docx 添加到文末，将文档中所有的"计算机"改成"电脑"，并且"电脑"字体颜色设置为红色，并将文档以 WD33. docx 另存在 D 盘的 MYDIR 文件夹中。

5）将标题"未来电脑真神奇"设置为"隶书、小三号，加粗倾斜，居中，蓝色"；将正文设置为"楷体，四号，首行缩进 1 厘米，2 倍行距，左缩进 1 字符，右缩进 1.5 字符"。

6）将正文第一段设置为"段前加 12 磅，段后加 6 磅"。

7）将文中所有的"分子电脑"设为"蓝色斜体，隶书"。

8）将文档保存在 D 盘的 MYDIR 文件夹中，文件名为 WD3 4. docx。

9）打开文件 WD3 1. docx，在文档中插入一张图片，以"四周型"版式实现图文混排。

三、Word 中表格的编写

1）创建如表 2-1 所示的某单位三月份工资发放表。

表 2-1　工资发放表

姓　名	部　门	基本工资	奖　金	津　贴	应发数
宣言	办公室	600	1200	50	
赵小兵	办公室	800	1700	200	
高新国	办公室	800	1400	150	
胡洪	办公室	1000	1300	250	
刘明	人事部	500	1000	100	
李小红	人事部	550	1500	100	

2）在表 2-1 中姓名列"宣言"下插入一行，依次输入"宋新、办公室、750、1500、

100"；在"姓名"前增加一列，依次输入"职工号、000011、000012、000013、000014、000015、000016、000017"。调整后见表2-2。

表2-2　调整后的工资发放表

职 工 号	姓 名	部 门	基本工资	奖 金	津 贴	应 发 数
000011	宣言	办公室	600	1200	50	
000012	宋新	办公室	750	1500	100	
000013	赵小兵	办公室	800	1700	200	
000014	高新国	办公室	800	1400	150	
000015	胡洪	办公室	1000	1300	250	
000016	刘明	人事部	500	1000	100	
000017	李小红	人事部	550	1500	100	

3）计算表中其他单元格的数据。

4）对"部门"按升序排序，对于"部门"相同的数据，按照"应发数"进行降序排序。

5）将表格中的数据居中，将表头的字段设置为"黑体，五号，加粗"；将表中的记录设置为"宋体，五号"；并将表格设置为最合适的列宽，在表头的上方插入一个"职工工资表"的标题行，合并单元格并居中，设置字体为"楷体、四号、加粗"，将表格的外边框调整为1.5磅的粗边框。

第三章

Excel 2010 实训

第一节　Excel 2010 基本操作实训

实训目的与要求	实训学时
1. 掌握数据的输入、编辑方法和填充柄的使用方法。 2. 掌握工作表的格式化方法及格式化数据的方法。 3. 掌握字形、字体和框线、底纹、颜色等多种对工作表的修饰操作。 4. 掌握公式和常用函数的输入与使用方法。	2 学时

一、创建和编辑工作表

从 A1 单元格开始，在 Sheet1 工作表中输入如图 3-1 所示的信息。

	A	B	C	D	E	F	G	H	I
1	期末成绩统计表								
2	学号	姓名	数学	英语	计算机	总分	平均分	名次	总评等级
3	10401	李小明	90	85	91				
4	10402	张大为	85	87	92				
5	10403	汪平卫	76	81	70				
6	10404	郭晓华	87	80	81				
7	10405	陈月华	69	75	80				
8	10406	刘洋	72	50	88				
9	10407	胡俊	64	82	96				
10	10408	李佳	68	60	89				
11	10409	田奇	79	100	99				
12	10410	姚明	77	66	100				
13	最高分								
14	平均分								
15	分数段人数	0-59							
16		60-69							
17		70-79							
18		80-89							
19		90-100							
20									

Sheet1　Sheet2　Sheet3

图 3-1　期末成绩统计表

009 自动填充

单击单元格 A1，输入"期末成绩统计表"并按〈Enter〉键。在单元格 A3、A4 中分别输入"10401"和"10402"；选择单元格区域 A3：A4，移动鼠标至区域右下角，待鼠标形状由空心十字变成实心十字时拖动至 A12，实现学号的自动填充功能。在单元格 A13、A14 中分别输入"最高分"和"平均分"。在 A15 中输入"分数段人数"，然后输入其余部分数据。

二、选取单元格区域操作

（一）单个单元格的选取

单击"Sheet2"工作表标签，用鼠标单击 B2 单元格即可选取该单元格。

（二） 连续单元格的选取

单击 B3 单元格，按住鼠标左键并向右下方拖动到 F4 单元格，则选取了 B3：F4 单元格区域；单击行号 "4"，则第 4 行单元格区域全部被选取；若按住鼠标左键向下拖动至行号 "6"，松开鼠标，则第 4～6 行单元格区域全部被选取；单击列表 "D"，则 D 列单元格区域全部被选取。同样的，我们可以选取其他单元格区域。

（三） 非连续单元格区域的选取

先选取 B3：F4 单元格区域，然后按住〈Ctrl〉键不放，再选取 D9、D13、E11 单元格，单击行号 "7"，单击列号 "H"，如图 3-2 所示。

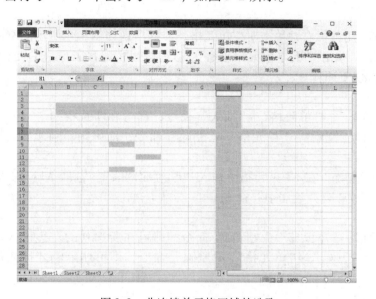

图 3-2　非连续单元格区域的选取

003 快速定位和选择

三、单元格数据的复制和移动

（一） 单元格数据的复制

在 Sheet1 工作表中选取 B2：E4 单元格区域，选择 "编辑" 菜单中的 "复制" 选项或者单击工具栏中的 "复制" 按钮，单击 Sheet2 工作表标签后单击 A1 单元格，选择 "编辑" 菜单中的 "粘贴" 选项或者单击工具栏中的 "粘贴" 按钮，即可完成单元格数据的复制。

（二） 单元格数据的移动

选取 Sheet2 工作表中的 A1：D3 单元格区域，将鼠标指针移到区域边框上，当鼠标指针变为十字方向箭头时，按住鼠标左键不放，拖动鼠标至 B5 单元格，松开鼠标左键，即可完成移动操作。若拖动的同时按住〈Ctrl〉键不放，则执行复制操作。

四、单元格区域的插入与删除

（一） 插入或删除单元格

1）在 Sheet1 工作表中，用鼠标右键单击 B2 单元格，屏幕出现如图 3-3 所示的有四个单选按钮的 "插入" 对话框，单击 "活动单元格下移" 单选按钮，观察 "姓名" 一栏的变化。

图 3-3 "插入"对话框   图 3-4 "删除"对话框

2）选取 B2 和 B3 单元格，用鼠标右键单击对应单元格，屏幕出现如图 3-4 所示的有四个单选按钮的"删除"对话框，单击"下方单元格上移"单选按钮，观察工作表的变化。最后单击两次"撤销"按钮，恢复原样。

（二）插入或删除行

1）选取第 3 行，选择"开始"→"单元格"→"插入"命令，即可在所选行的上方插入一行。选取已插入的空行，选择"开始"→"单元格"→"删除"命令，即可删除刚才插入的空行。

2）选取第 1 行，插入两行空行，在 A1 单元格中输入"学生成绩表"，选取 A1：E1 区域，选择"开始"→"对齐方式"→"合并后居中"命令。

（三）插入或删除列

选取第 B 列，选择"开始"→"单元格"→"插入"命令，即可在所选列的左边插入一列。选取已插入的空列，选择"开始"→"单元格"→"删除"命令，即可删除刚才插入的空列。

001 初识电子表格   002 表格的基本设置

五、工作表的命名

启动 Excel 2010，在出现的 Book1 工作簿中双击 Sheet1 工作表标签，更名为"销售资料"，最后以"上半年销售统计"为名将工作簿保存在硬盘上。

六、数据格式化

（一）建立数据表格

在"销售数据"工作表中按照如图 3-5 所示样式建立数据表格。其中，在 A3 单元格中输入"一月"后，可用填充句柄拖动到 A8，自动填充"二月"~"六月"。

（二）调整表格的行高为 18，列宽为 14

按住〈Ctrl＋A〉组合键选中整张工作表，选择"开始"→"单元格"→"格式"菜单中的"行高"命令，在"行高"对话框的文本框中输入 18，单击"确定"按钮。用类似的方法设置列宽为 14。

（三）标题格式设置

1）选取 A1：H1，然后选择"开始"→"对齐方式"→"合并后居中"命令，使之成为居中标题。双击标题所在单元格，将光标定位在"公司"文字后面，按〈Alt + Enter〉组合键，则将标题文字放在两行。

2）选择"格式"菜单中的"设置单元格格式"命令，将弹出如图 3-6 所示的"设置单元格格式"对话框，选择"字体"选项卡，将字号设为 16，颜色设为红色。

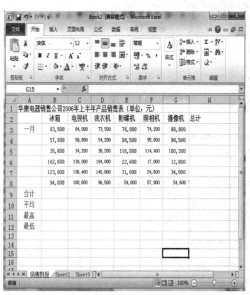

图 3-5　建立未格式化的表格

图 3-6　"设置单元格格式"对话框

（四）设置单元格中文字的水平方向和垂直方向为居中

选中 A3 单元格，选择"开始"→"单元格"→"格式"命令，选择"设置单元格格式"，在"设置单元格格式"对话框中选择"对齐"选项卡，在"水平对齐"和"垂直对齐"下拉列表框中选择"居中"。用同样的方法将其余单元格中文字的水平方向和垂直方向设置为居中。

（五）数字格式设置

因为数字区域是销售额数据，所以应该将它们设置为"货币"格式。选取 B3：H12 区域，单击格式工具栏上的"货币样式"按钮，如图 3-7 所示。

（六）边框、底纹设置

全选表格区域所有单元格，选择"开始"→"单元格"→"格式"命令，选择"设置单元格格式"，在"设置单元格格式"对话框中选择"边框"选项卡，设置"内部"为细线，"外边框"为粗线。

为了使表格的标题与数据、源数据与计算数据之间区分明显，可以为它们设置不同的底纹颜色。选取需要设置颜色的区域，选择"设置单元格格式"对话框中选择"填充"选项卡，设置颜色。以上设置全部完成后，表格效果如图 3-8 所示。

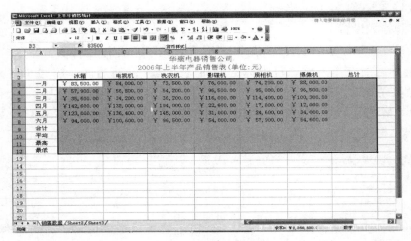

图 3-7　数字格式设置

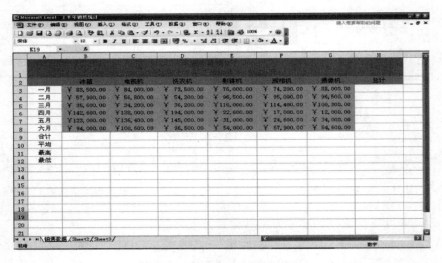

图 3-8　格式设置后的数据表格

007 格式设置上

008 格式设置下

七、公式和函数

（一）使用"自动求和"按钮

在"销售数据"工作表中，H3 单元格需要计算一月份各种产品销售额的总计数值，可用"自动求和"按钮来完成。操作步骤如下：

1）用鼠标单击 H3 单元格。

2）单击常用工具栏上的"开始"→"编辑"→"Σ▾"，屏幕上出现求和函数 SUM 以及求和数据区域，如图 3-9 所示。

图 3-9　单击"自动求和"按钮后出现的函数样式

3）观察数据区域是否正确，若不正确，请重新输入数据区域或者修改公式中的数据区域。

4）单击编辑栏上的"√"按钮，H3 单元格显示对应结果。

5）H3 单元格结果出来之后，利用"填充句柄"拖动鼠标一直到 H8 可以将 H3 中的公式快速复制到 H4：H8 区域。

6）采用同样的方法，可以计算出"合计"一列对应各个单元格的计算结果。

（二）　常用函数的使用

在"销售数据"工作表中，B10 单元格需要计算上半年冰箱的平均销售额，可用 AV-ERAGE 函数来完成。操作步骤如下：

1）用鼠标单击 B10 单元格。

2）单击常用工具栏上的"Σ▾"按钮的黑色三角，在出现的下拉菜单中选择"平均值"，屏幕上出现求平均值函数 AVERAGE 以及求平均值数据区域，如图 3-10 所示。

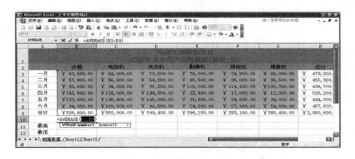
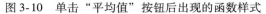

图 3-10　单击"平均值"按钮后出现的函数样式　　　　　　014 公式使用

3）观察数据区域是否正确。

4）单击编辑栏上的"√"按钮，B10 单元格显示对应结果。

5）B10 单元格结果出来之后，利用"填充句柄"拖动鼠标一直到 G10 可以将 B10 中的公式快速复制到 C10：G10 区域。

6）单击 H10 单元格，在编辑栏中输入公式：= AVERAGE（H3：H8），单击编辑栏上的"√"按钮，可以计算"合计"中的平均值。

7）采用同样的方法可以计算出"最高"和"最低"这两行对应的各个单元格的计算结果。

第二节　Excel 2010 进阶式实训

实训目的与要求	实训学时
1. 掌握对数据进行常规排序、筛选和分类汇总的操作方法。 2. 了解数据透视表的应用。 3. 了解对数据输入的有效性检查。 4. 掌握对数据进行与或关系多条件的高级筛选。	2 学时

一、排序

对部门（升序）和薪水（降序）排列。操作步骤如下：

1）启动 Excel 2010，建立"Book1.xls"空白工作簿，在当前工作表中输入如表 3-1 所示数据。

010 表格排序

表 3-1　员工薪水表

序　号	姓　名	部　门	分公司	工作时间	工作时数	小时报酬（元）	薪水（元）
1	杜永宁	软件部	南京	1986-12-24	160	36	5760
2	王传华	销售部	西京	1985-7-5	140	28	3920
3	殷　泳	培训部	西京	1990-7-26	140	21	2940
4	杨柳青	软件部	南京	1988-6-7	160	34	5440
5	段　楠	软件部	北京	1983-7-12	140	31	4340
6	刘朝阳	销售部	西京	1987-6-5	140	23	3220
7	王　雷	培训部	南京	1989-2-26	140	28	3920
8	楮彤彤	软件部	南京	1983-4-15	160	42	6720
9	陈勇强	销售部	北京	1990-2-1	140	28	3920
10	朱小梅	培训部	西京	1990-12-30	140	21	2940
11	于　洋	销售部	西京	1984-8-8	140	23	3220
12	赵玲玲	软件部	西京	1990-4-5	160	25	4000
13	冯　刚	软件部	南京	1985-1-25	160	45	7200
14	郑　丽	软件部	北京	1988-5-12	160	30	4800
15	孟晓姗	软件部	西京	1987-6-10	160	28	4480
16	杨子健	销售部	南京	1986-10-11	140	41	5740
17	廖　东	培训部	东京	1985-5-7	140	21	2940
18	臧天歆	销售部	东京	1987-12-19	140	20	2800
19	施　敏	软件部	南京	1987-6-23	160	39	6240
20	明章静	软件部	北京	1986-7-21	160	33	5280

2）选择 A1：H21 单元格，选择"数据"→"排序和筛选"菜单中的"排序"命令，在如图 3-11 所示的"排序"对话框中，设置对部门升序和薪水降序。排序后的效果如图 3-12

所示。

3）将结果存盘：选择"文件"菜单，选择"另存为"选项，输入文件名为"员工薪水"。

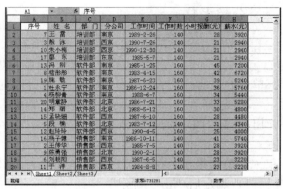

图 3-11　"排序"对话框　　　　　　　　　　　图 3-12　排序后的效果图

二、筛选

筛选出在北京分公司软件部工作薪水高于 5000 元的员工。操作步骤如下：

1）选择 A1：H21 单元格，选择"数据"菜单中的"筛选"。

2）单击"部门"下拉组合框，勾选"软件部"，单击"分公司"下拉组合框，勾选"北京"，单击"薪水"下拉组合框，选择"数字筛选"中"自定义筛选"，在如图 3-13 所示的对话框中选择"大于或等于"并输入"5000"。

3）筛选出在北京分公司软件部工作薪水高于 5000 元的员工，筛选后的效果如图 3-14 所示。

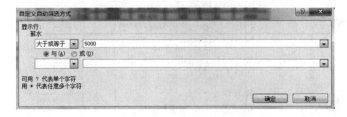

图 3-13　"自定义自动筛选方式"对话框

011 数据筛选

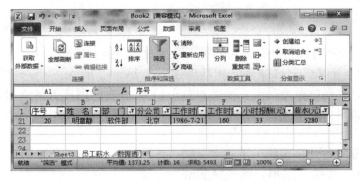

图 3-14　筛选后的效果图

024 分类汇总

4）将结果存盘：选择"文件"菜单，选择"另存为"选项，输入文件名为"员工薪水 new1"。

三、分类汇总

按照部门分类汇总，计算工作时数和薪水的平均值。操作步骤如下：

1）打开"员工薪水 .xls"文件，选择 A1：H21 单元格，选择"数据"→"排序和筛选"菜单中的"排序"命令，设置部门按照升序排序。

2）选择 A1：H21 单元格，选择"数据"→"分级显示"菜单中的"分类汇总"命令，弹出如图 3-15 所示的"分类汇总"对话框；在该对话框中设置分类字段为"部门"，汇总方式为"平均值"，选定汇总项为"工作时数"和"薪水"；再选定"替换当前分类汇总"和"汇总结果显示在数据下方"。

3）选定后单击"确定"按钮，系统自动按照部门分类汇总，计算工作时数和薪水的平均值，分类汇总后的效果如图 3-16 所示。

4）将结果存盘：选择"文件"菜单，选择"另存为"选项，输入文件名为"员工薪水 new2"。

图 3-15 "分类汇总"对话框

图 3-16 分类汇总后的效果图

四、数据透视表

利用数据透视表功能，计算各部门各分公司的员工薪水总额。操作步骤如下：

1）打开"员工薪水 .xls"文件，选择 A1：H21 单元格，选择"插入"→"表格"菜单中的"数据透视表"命令，选择数据透视表，出现如图 3-17 所示的"创建数据透视表"对话框，单击"确定"按钮，出现如图 3-18 所示的"数据透视表字段列表"对话框。

2）将"部门"拖到"行字段"处，将"分公司"拖到"列字段"处，将"薪水"拖到"数据项"处。计算各部门各分公司的员工薪水总额，计算结果如图 3-19 所示。

3）将结果存盘：选择"文件"菜单，选择"另存为"选项，输入文件名为"员工薪水 new3"。

图 3-17　"创建数据透视表"对话框

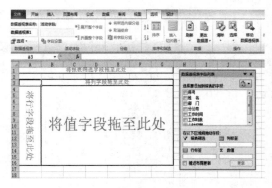

图 3-18　"数据透视表字段列表"对话框

图 3-19　"数据透视表"计算结果图

025 数据透视表

五、建立"学生成绩表"

输入"学生成绩表"，并设置数据有效性（为防止数据录入出错），如计算机成绩在0～100以内，见表3-2。操作步骤如下：

表3-2　学生成绩表

学号	专业	姓名	性别	计算机	大学英语	高等数学	大学语文
11012029	交通工程	张强	男	80	90	100	89
11015010	交通工程	李晓明	男	77	75	71	77
11015007	交通工程	王东	女	52	83	86	65
11025023	交通工程	姚吉吉	女	71	88	78	71
11025011	交通工程	罗萍萍	女	77	79	55	78
11015017	交通工程	王德胜	男	60	63	56	76
11035011	物流工程	范健健	男	80	99	56	77
11035022	物流工程	李超	男	77	79	88	82
11045014	车辆工程	张晓东	男	62	81	80	73
11045014	车辆工程	李梅	女	69	83	78	83

1）选中要输入数据的单元格，如图 3-20 所示。

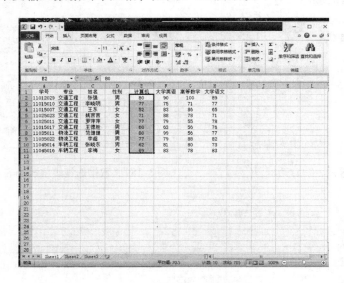

图 3-20　选中单元格

022 数据
有效性

2）选择"数据"→"数据有效性"命令，如图 3-21 所示。

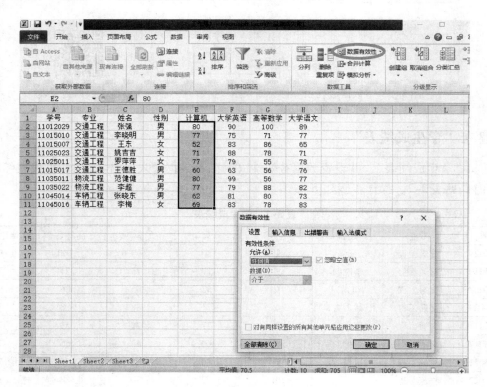

图 3-21　选择"数据有效性"命令

3）在"数据有效性"对话框中，"允许"选项中选择"整数"，"数据"选项中选择"介于"，最小值为 0，最大值为 100，如图 3-22 所示。

4）选择"出错警告"选项卡，在"错误信息"中输入"请输入 0 到 100 的数据"，如图 3-23 所示。

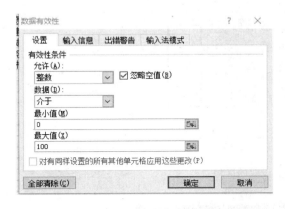

图 3-22 设置数据有效性

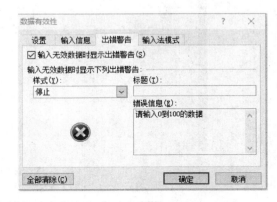

图 3-23 设置出错警告

5）在要输入的数据区域内，如果输入的数据不在 0～100 之间，则会弹出报错信息，如图 3-24 所示。

图 3-24 出错警告显示

六、设置数据有效性

操作步骤如下：

1）选中要设置的区域，如图 3-25 所示。

2）单击"数据"→"数据有效性"，在"有效性条件"选项组，"允许（A）"中选择"序列"，如图 3-26 所示。

3）在"来源（S）"中输入"通过,不通过"，如图 3-27 所示。注意：逗号一定要是英文状态下的逗号。

4）如果输入的逗号不是英文状态下的逗号，则会显示"通过,不通过"连在一起，如图 3-28 所示。

5）在 I 列输入"通过"或"不通过"不会有任何警告，但是输入"成长"则会出现警告，如图 3-29 所示。

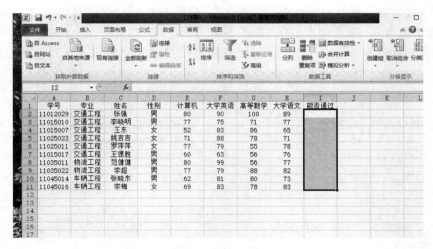

图 3-25　选中要设置的区域

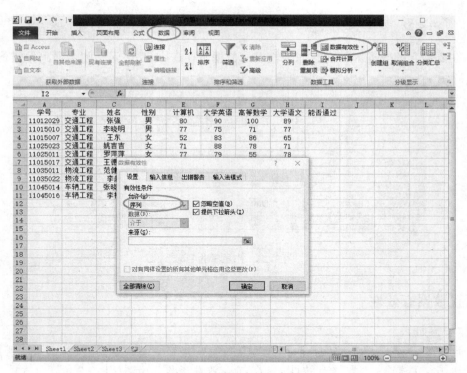

图 3-26　设置有效性条件

七、高级筛选

例如，把属于交通工程的同学筛选出来，源数据如图 3-30 所示。操作步骤如下：

1）单击"数据"→"高级"，选择"将筛选结果复制到其他位置"单选按钮，如图 3-31 所示。

2）单击"列表区域"，选中所需筛选的区域，如图 3-32 所示。

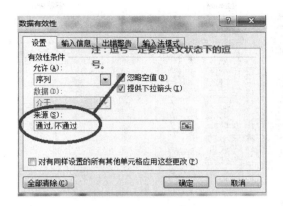

图 3-27　设置来源

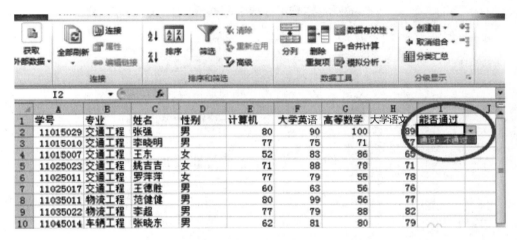

图 3-28　连接符没有在规定状态下输入的效果

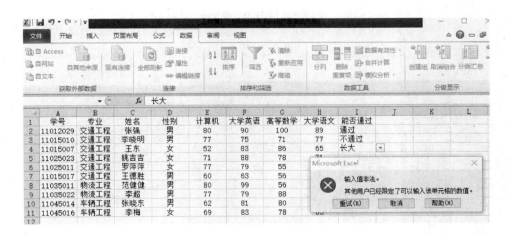

图 3-29　输入错误值的显示

3）单击"复制到"，选中空白区域，把去掉重复记录的数据复制到空白区域，这里选

	A	B	C	D	E	F	G	H	I
1	学号	专业	姓名	性别	计算机	大学英语	高等数学	大学语文	
2	11012029	交通工程	张强	男	80	90	100	89	
3	11015010	交通工程	李晓明	男	77	75	71	77	
4	11015007	交通工程	王东	女	52	83	86	65	
5	11025023	交通工程	姚吉吉	女	71	88	78	71	
6	11025011	交通工程	罗萍萍	女	77	79	55	78	
7	11015017	交通工程	王德胜	男	60	63	56	76	
8	11035011	物流工程	范健健	男	80	99	56	77	
9	11035022	物流工程	李超	男	77	79	88	82	
10	11045014	车辆工程	张晓东	男	62	81	80	73	
11	11045016	车辆工程	李梅	女	69	83	78	83	
12									

图 3-30　源数据

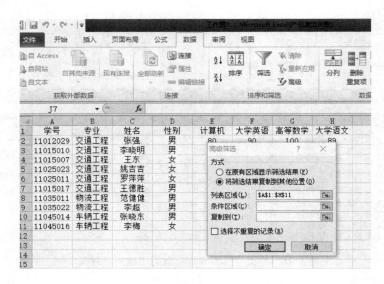

图 3-31　选择"将筛选结果复制到其他位置"

图 3-32　选中所需筛选的区域

择"A13",如图 3-33 所示。

图 3-33　复制到的空白位置选择

4）单击"条件区域",选中"专业"加"交通工程",就能把属于交通工程的同学筛选出来,如图 3-34 所示。

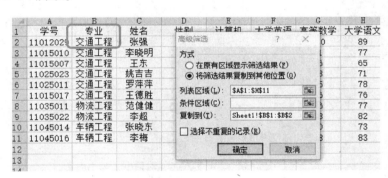

图 3-34　条件区域的选择

八、高级筛选查找符合多条件的数据

操作步骤如下:

1）在 $C$14： $F$15 中输入条件如图 3-35 所示。

2）在"数据"选项卡的"排序和筛选"组中单击"高级"按钮,弹出"高级筛选"对话框,在"方式"选项组中选择"在原有区域显示筛选结果"单选按钮,在"列表区域"文本框中,系统已自动设置为 $A$1： $H$11,如图 3-36 所示。

计算机	大学语文	高等数学	大学语文
>70	>60	>70	>60

图 3-35　条件区域的设置

3）在工作表中选择 $C$14： $F$15 单元格区域作为条件区域,然后单击"高级筛选"→"条件区域"展开按钮。单击"复制到",选中空白区域,把去掉重复记录的数据复制到空白区域,这里选择"A17"。

4）返回"高级筛选"对话框,单击"确定"按钮,如图 3-37 所示。

5）返回工作表,此时在工作表中显示了记录信息,如图 3-38 所示。

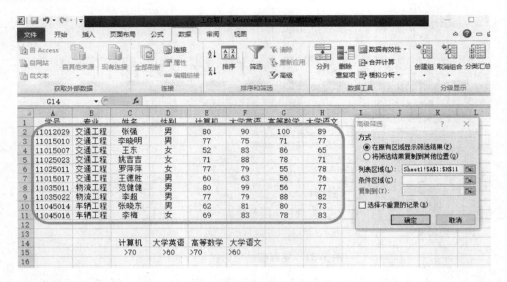

图 3-36　列表区域的选择

图 3-37　"高级筛选"对话框

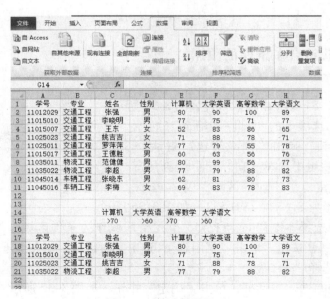

图 3-38　筛选结果显示

第三节　Excel 2010 综合应用实训

一、制作通讯录

利用 Excel 2010 制作通讯录，其效果如图 3-39 所示。在通讯录中记载了"姓名""部门""E-mail 地址"和电话号码等多种信息，由此可见，表格的结构是由所要记载的信息决定的。

姓　名	部　门	办公电话	家庭电话	QQ号	E-mail地址
张三丰	销售部	010-00000000	010-11111111	11	zhangs@11.com
赵　敬	财务部	010-00000001	13900000000	12	lis@12.net
张无计	生产部	010-00000002	13100000000	1	wangw@01.com
令狐冲	开发部	010-00000003	0565-0000001	23	chene@00.com
杨　蝠	销售部	010-00000004	0454-0000002	123	yangq@12.com
孙老八	开发部	010-00000005	0941-0000001	55	sunb@00.net
刘　顺	生产部	010-00000006	0569-0000004	23	liul@11.com
周博通	开发部	010-00000007	0454-0000015	11	zhaoy@11.com
郭　静	销售部	13800000000	0574-0000056	55	sunl@00.com
赵半山	财务部	13000000000	0441-0000022	11	chens@12.net

图 3-39　通讯录样图

（一）规划表格结构

由于我们要建立一个包含"姓名""部门""办公电话""家庭电话""QQ 号"和"E-mail 地址"等信息在内的通讯录，所以在 Excel 2010 中输入全部信息之前，我们需要对表格和信息加以规划。

（二）输入通讯录信息

步骤如下：

1）在建立起通讯录的整体框架之后，便要进行通讯录信息的输入操作。在输入联系人的"办公电话"以及"家庭电话"时，如果直接输入，Excel 2010 将按照常规方式将其识别为数字而忽略掉第一位数字 0。为了避免这种问题的出现，我们选中"办公电话"和"家庭电话"两列中的单元格，在"设置单元格格式"对话框中，单击"数字"选项卡，然后选择"分类"列表框中的"自定义"选项，在"类型"文本框中输入"0##########"，来表示电话号码的首位为 0，后面跟 10 位数字。单击"确定"按钮之后，再在所有单元格中输入相应固定电话号码的后 10 位即可。

2）输入联系人的 E-mail 地址之后，系统会自动添加链接。如果单击 E-mail 地址的单元格，则会启动电子邮件编辑器，而且将被自动填入邮件收件人的地址，这样我们便可以方便地发送电子邮件。以上内容全部正确无误地输入完毕之后，便得到工作表。

（三）插入行列

选中一个单元格，单击鼠标右键，在快捷菜单中选中"插入"命令，打开"插入"对话框，可以看到四个选项："活动单元格右移"表示在选中单元格的左侧插入一个单元格；"活动单元格下移"表示在选中单元格上方插入一个单元格；"整行"表示在选中单元格的上方插入一行；整列"表示在选中单元格的左侧插入一行。

（四）单元格格式设置

步骤如下：

1）所有内容输入完毕后，最原始的"通讯录"工作表基本制作完成，接下来对工作表进行美化：合并单元格、文字居中处理、调整行高与列宽、设置字体、设置单元格边框等。

2）设置单元格背景颜色，可以使不同性质、不同含义的数据之间的区别体现得更加明显，也可以使整个页面显得更加美观。

（五）保存 Excel 工作簿

工作表制作完成之后，将制作好的工作簿命名为"通讯录"，并保存在"我的文档"中。

二、公式和函数的应用

本题效果如图 3-40 所示。

	A	B	C	D	E	F	G	H
				H2		▼	f_x =IF(G2>3000,"高",IF(G2>2500,"中",IF(G2>2000,"低")))	
1	员工号	姓名	性别	基本工资	岗位津贴	工作奖励	实发工资	收入等级
2	001	陈鹏	女	1800	600	200	2600	中
3	002	杨宝春	男	2100	800	180	3080	高
4	003	许东东	男	1900	800	200	2900	中
5	004	王川	男	2000	500	190	2690	中
6	005	艾芳	女	1600	600	160	2360	低
7	006	王小明	男	1900	800	210	2910	中
8	007	胡海涛	男	2000	800	200	3000	中
9	008	孙锋丽	女	1600	500	180	2280	低
10	009	良斌	男	1800	800	200	2800	中
11	010	由海燕	女	2100	500	190	2790	中
12	011	李楠	男	1900	600	160	2660	中
13	012	向兵华	男	2000	800	210	3010	高
14	013	王国平	男	1600	800	200	2600	中
15	平均值			1869.23	684.62	190.77	2744.62	

图 3-40　工资表

步骤如下：

1）创建新文档并输入内容。

2）输入公式 SUM 计算"实发工资"为"基本工资""岗位津贴""工作奖励"之和。

3）使用 AVERAGE 函数分别计算"基本工资""岗位津贴""工作奖励""实发工资"的平均值。

4）使用 IF 函数计算收入等级，员工的收入等级标准如下：2000～2999 为低，3000～3999 为中，大于 4000 为高，在单元格 H2 中输入公式，完成等级的显示。

5）工作表制作完成之后，将制作好的工作簿命名为"职工工资表"，并保存在"我的文档"中。

三、"校园歌曲演唱比赛"计分表

某高校举办的校园歌曲演唱比赛经过初赛、复赛，目前已经进入决赛。在决赛阶段，组委会拟定了如下的比赛计分规则。

每一个参加决赛选手的得分满分为 100 分，包括以下三大部分。

歌唱得分：每一位参赛选手自行选择一首歌曲演唱，满分为 90 分，6 个裁判分别打分，总分减去最高分和最低分之后的平均分为该项分数。

素质得分：两个题目，每题 0.5 分，共 1 分，各由一个评委评分。

声乐得分：选手自己从指定歌曲中选择一首歌曲进行声乐表演，歌曲有不同的难度系数，分 A、B、C 三个级别，满分为 9 分，6 个裁判打分，方法同上。但是，在得到的平均分数的基础上再乘上难度系数（A 为 1，B 为 0.8，C 为 0.6），才能得到该项分数。

以上三项分数之和为该选手的总得分，按照该成绩的名次确定最终的获奖等级。

（一）主界面的制作

该计分系统需要设置 8 个工作表，工作表的名称依次更改为"主界面""计分规则""选手情况""歌唱得分""素质得分""声乐得分""综合得分"和"评奖结果"，将工作簿文件以"校园歌曲"为名存盘。

图 3-41 所示为"校园歌曲演唱比赛"的主界面，主界面的每个椭圆设置超级链接，单击椭圆能快速打开对应的工作表。

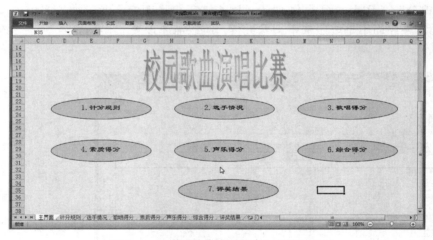

图 3-41　"校园歌曲演唱比赛"的主界面

（二）"计分规则"工作表的制作

"计分规则"工作表如图 3-42 所示，在其中输入比赛计分规则的说明文字，以便将来观众或选手咨询时能够快速查询。制作本工作表时，主要难点是如何解决大块文字在 Excel 中的输入问题。

（三）"选手情况"工作表的制作

"选手情况"工作表如图 3-43 所示，制作时按照图中样式进行设置即可。

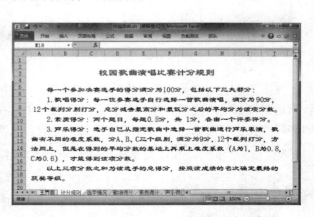

图 3-42　"计分规则"工作表

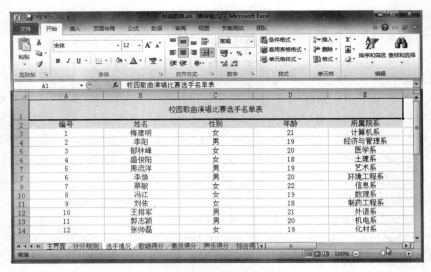

图 3-43 "选手情况"工作表

(四)"歌唱得分"工作表的制作

"歌唱得分"工作表如图 3-44 所示,因为选手出场顺序是通过抽签产生的,以后的打分是按照出场顺序而不是按照选手编号进行,所以需要设置"出场序号"列(该列通过序列填充输入)。

图 3-44 "歌唱得分"工作表

016 if 函数的使用

在图 3-44 中,"姓名""分数""名次"三列中每个单元格中都有函数或公式,一旦编号和裁判打分输入之后,他们都会自动出现结果。在该表中,"选手编号"列(B 列)按照抽签顺序在比赛时录入。用来存放姓名、分数、名次的单元格 C3、J3、K3 的公式如下:

```
C3: = IF(B3 = """",,VLOOKUP(B3,选手情况!$A$3:$B$14,2))
J3: = IF(SUM(D3:I3) < >0,(SUM(D3:I3) - MIN(D3:I3) - MAX(D3:I3))/
(COUNT(D3:I3) - 2),"")
K3: = IF(J3 < >"",RANK(J3,$J$3:$J$14),"")
```

（五）"素质得分"工作表的制作

"素质得分"工作表如图 3-45 所示，制作方法与"歌唱得分"工作表类似。

图 3-45　"素质得分"工作表

其中，

C3："=IF(B3="""",,VLOOKUP(B3,选手情况!\$A\$3:\$B\$14,2))"；

F3："=SUM(D3:E3)"；

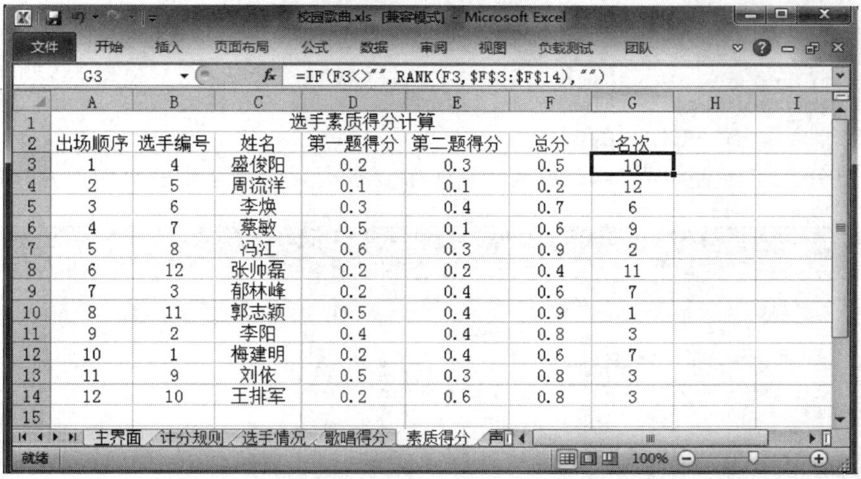

G3："=IF(F3<>"",RANK(F3,\$F\$3:\$F\$14),"")"。

（六）"声乐得分"工作表的制作

"声乐得分"工作表如图 3-46 所示，制作方法与"歌唱得分"工作表类似，不同之处就是多了两列（即"类别"和"系数"）用来确定难度系数，最终的分数结果还需要在歌唱得分方法的结果之后再乘上难度系数。

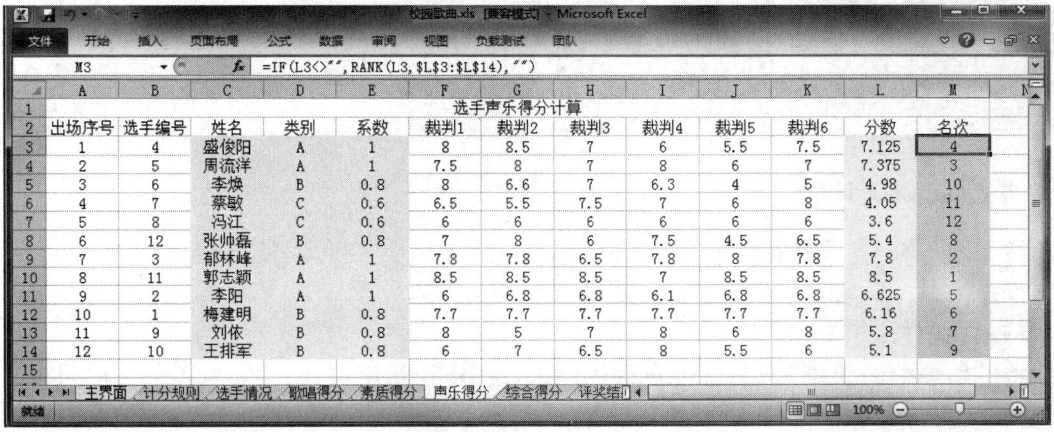

图 3-46　"声乐得分"工作表

其中，

```
C3:" =IF(B3 =""", ,VLOOKUP(B3,选手情况! $A$3:$B$14,2))";
L3: =IF(SUM(F3:K3) < >0,(SUM(F3:K3) -MIN(F3:K3) -MAX(F3:K3))/(COUNT(F3:K3)-2)* E3,"")
M3:" =IF(L3 < >"",RANK(L3,$L$3:$L$14),"")"。
```

（七）"综合得分"工作表的制作

"综合得分"工作表如图 3-47 所示，制作中要多次采用跨工作表引用单元格数据。

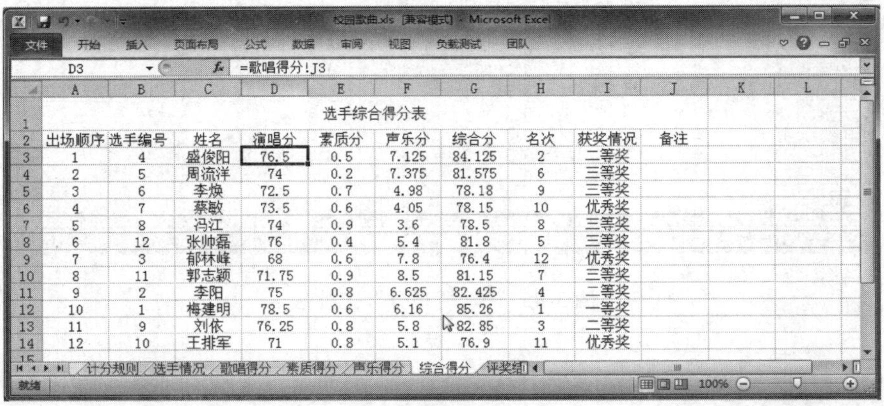

选手综合得分表									
出场顺序	选手编号	姓名	演唱分	素质分	声乐分	综合分	名次	获奖情况	备注
1	4	盛俊阳	76.5	0.5	7.125	84.125	2	二等奖	
2	5	周流洋	74	0.2	7.375	81.575	6	三等奖	
3	6	李焕	72.5	0.7	4.98	78.18	9	三等奖	
4	7	蔡敏	73.5	0.6	4.05	78.15	10	优秀奖	
5	8	冯江	74	0.9	3.6	78.5	8	三等奖	
6	12	张帅磊	76	0.4	5.4	81.8	5	三等奖	
7	3	郁林峰	68	0.6	7.8	76.4	12	优秀奖	
8	11	郭志颖	71.75	0.9	8.5	81.15	7	三等奖	
9	2	李阳	75	0.8	6.625	82.425	4	二等奖	
10	1	梅建明	78.5	0.6	6.16	85.26	1	一等奖	
11	9	刘依	76.25	0.8	5.8	82.85	3	二等奖	
12	10	王排军	71	0.8	5.1	76.9	11	优秀奖	

图 3-47 "综合得分"工作表

第 3 行中几个主要含公式和函数的单元格中，公式和函数形式分别如下所示。

```
C3:" =IF(B3 =""", ,VLOOKUP(B3,选手情况! $A$3:$B$14,2))";
D3:" =歌唱得分! J3";
E3:" =素质得分! F3";
F3:" =声乐得分! L3";
G3:" =IF(SUM(D3:F3) =0,"",SUM(D3:F3))";
H3:" =IF(G3 < >"",RANK(G3,$G$3:$G$14),"")";
I3:" =IF(H3 < =1,"一等奖",IF(H3 < =4,"二等奖",IF(H3 < =9,"三等奖","优秀奖")))"
```

四、学生成绩统计表

按如图 3-48 所示数据建立工作表 Sheet1（"总分"和"平均分"由公式计算），并完成如下操作。

（一）排序

将工作表中的数据复制到 Sheet2 中，按"总分"降序排序，当"总分"相同时，按"计算机"降序排序。操作步骤如下：

1）先按图 3-48 提供的数据在 Sheet1 中创建一工作表，并将其复制到 Sheet2 中。

2）选定要排序的数据记录单中的任意一个单元格。

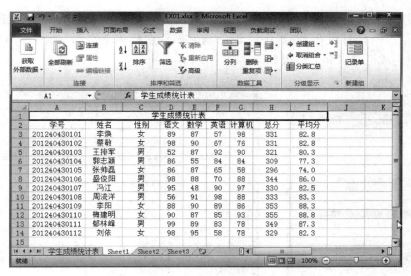

图 3-48　初始数据

3）单击"数据"选项卡"排序和筛选"组中的"排序"按钮，弹出如图 3-49 所示的"排序"对话框。

4）从"主要关键字"下拉列表框中选择"总分"字段名，排序依据选择"数值"，次序选择"降序"。

5）单击"添加条件"按钮，从"次要关键字"下拉列表框中选择"计算机"字段名，排序依据及次序仍选择"数值"和"降序"。

6）单击"确定"按钮，完成对数据的排序，结果如图 3-50 所示。

图 3-49　"排序"对话框

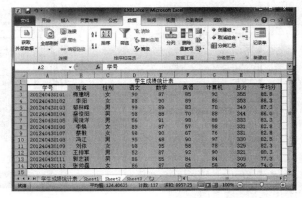

图 3-50　排序结果

（二）汇总

将 Sheet1 中的数据复制到 Sheet3 中，并按性别分类，分别对男、女同学各门课程的成绩进行汇总和求平均值，结果显示在数据下方。操作步骤如下：

1）选定 Sheet1 中的所有数据，将其复制到 Sheet3 中。

2）按"性别"的升序（或降序）排序（因按性别分类，则应先按"性别"排序）。

3）单击"数据"选项卡"分级显示"组中的"分类汇总"按钮，打开"分类汇总"

对话框，在"分类字段"中选择"性别"，"汇总方式"选择"求和"，汇总项选定"语文""数学""英语""计算机"，并选中"汇总结果显示在数据下方"，如图 3-51 所示。单击"确定"按钮完成汇总求和，结果如图 3-52 所示。

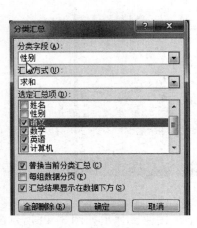

图 3-51 "汇总方式"选择求和

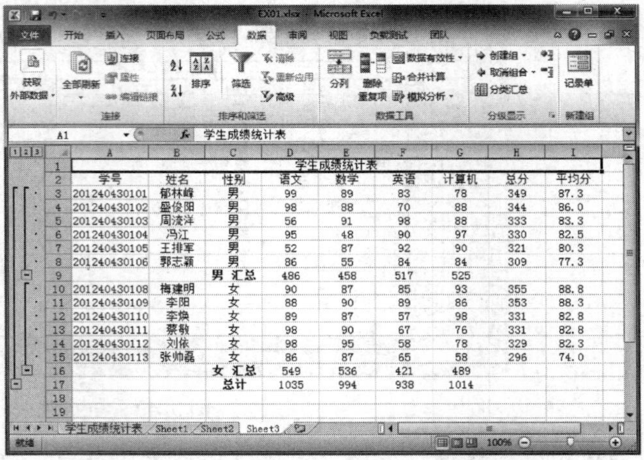

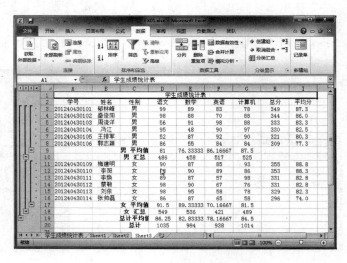

图 3-52 分类汇总求和

4）重复步骤3），只需在"汇总方式"中选择"平均值"，其余均与步骤3）相同，如图 3-53 所示。单击"确定"按钮完成求平均值，结果如图 3-54 所示。

图 3-53 "汇总方式"选择平均值

图 3-54 最终汇总结果

（三）自动筛选

将 Sheet1 中计算机成绩大于或等于 90 分或小于 60 分的记录复制到新工作表 Sheet3 中。操作步骤如下：

1）单击数据记录单中的任意一个单元格。

2）单击"数据"选项卡"排序和筛选"组中的"筛选"按钮，此时在每个字段的右边出现一个倒三角形按钮，如图 3-55 所示。

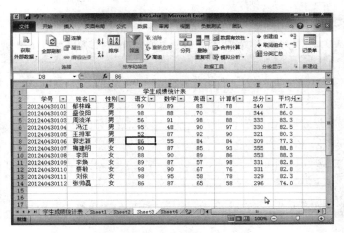

图 3-55 "自动筛选"状态

3）单击"计算机"字段右边的按钮，弹出一个下拉菜单，其中包含排序、数字筛选及该列中的所有数据，如图 3-56 所示。

4）从下拉菜单中选择需要显示的项目。如果筛选条件是常数，则直接单击该数选取；如果筛选条件是表达式，则单击"数字筛选"→"自定义筛选"，打开"自定义自动筛选方式"对话框，如图 3-57 所示。在对话框中输入指定的条件（即计算机大于或等于 90 或者小于 60），单击"确定"按钮完成筛选。

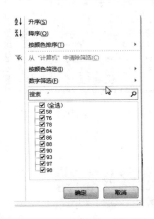

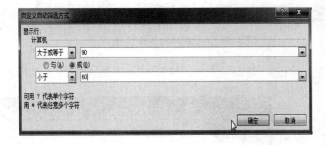

图 3-56 自动筛选菜单　　　　　图 3-57 "自定义自动筛选方式"对话框

5）筛选结果如图 3-58 所示。全部选定筛选结果，将其复制到新插入的工作表 Sheet4 中即可。

（四）高级筛选

将 Sheet1 工作表中每一门成绩大于或等于 90 分的记录复制到从 L1 开始的区域中。操作步骤如下：

1）在 Sheet1 中，将光标移到数据记录单的下方，构造如图 3-59 所示的条件区域（即 D16：G20）。

2）将光标移至数据记录单中的任意一个单元格，单击"数据"选项卡"排序和筛选"组中的"高级"按钮，弹出"高级筛选"对话框，在"列表区域"中选定数据记录单中的所有数据，在"条件区域"中选定已设置的条件，如图 3-60 所示。

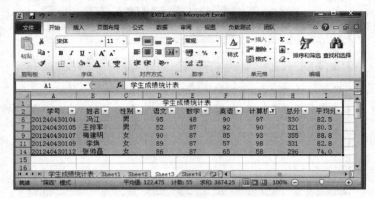

图 3-58　满足条件的筛选结果

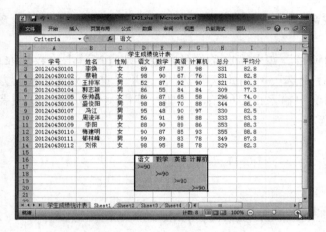

图 3-59　已设置的条件区域

图 3-60　"高级筛选"对话框

3）单击"确定"按钮得到图 3-61 所示的筛选结果。

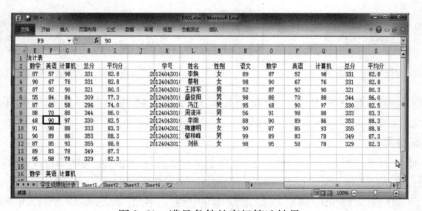

图 3-61　满足条件的高级筛选结果

（五）计算标准偏差

在 Sheet1 中，用四门课程的考试成绩创建一列表，并利用汇总功能求出每一门课程的标准偏差（结果保留 2 位小数）。操作结束后将结果保存到 D：\MYDIR 文件夹中（如果该文件夹不存在则自己创建），取名为 EX03.xlsx。操作步骤如下：

1）选定如图 3-62 所示初始数据表中的"语文""数学""英语""计算机"四门课的成绩。

2）单击"插入"选项卡"表格"组中的"表格"按钮，在"创建表"对话框的"表数据来源"中选择 D2：G14 数据区域，单击"确定"按钮显示如图 3-62 所示的列表。

3）选中 D15 单元格，选择"表格工具"中的"表格样式选项"中的"汇总行"命令，并单击"汇总"单元格，得到如图 3-63 所示的汇总结果。

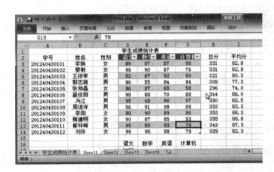

图 3-62　列表示意图　　　　　　　　图 3-63　列表中的"汇总行"

4）依次单击 D15、E15、F15、G15 单元格中的下拉按钮，并在下拉菜单中选择"标准偏差"，便能得到四门课程的标准偏差，如图 3-64 所示。

图 3-64　计算标准偏差的操作过程及结果

5）单击"文件"选项卡，在打开的下拉菜单中选择"另存为"命令，将其保存在 D：\MYDIR 中，并取名为"EX03.xlsx"。

五、图表的制作

（一）创建图表

操作步骤如下：

1）在空白工作表中输入图 3-65 中的数据，并以 EX0 4.xlsx 为文件名保存在 D 盘的 MYDIR 文件夹中。

图 3-65   学生成绩表

2）取表格中"姓名""语文""数学""计算机"四列数据，在当前工作表中创建嵌入式的"簇状柱形图"图表，并将图表位置调整如图 3-66 所示的区域中。

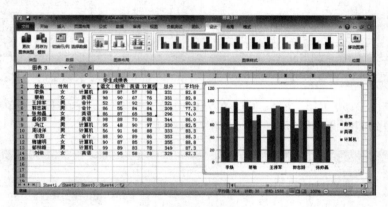

图 3-66   "簇状柱形图"图表

按图 3-66 要求选定要创建图表的数据区域后，单击"插入"选项卡，并在"图表"组中单击"图表"按钮，并选择"簇状柱形图"图表类型，即将选定数据在工作表中创建了一个数据图表，最后通过移动图表和拖动图表边框便能将其调整到指定位置。

（二）编辑工作表

对图 3-66 所创建的嵌入图表进行如下编辑操作。

1）图表标题为"学生成绩统计图表"，设置为"隶书、蓝色、加粗、14 号字"；分类轴标题为"姓名"，数值轴标题为"成绩"，设置为"楷体、深红、12 号字"；将分类轴上的姓名和图例中的文字设置为"宋体、8 号字"。操作步骤如下：

① 选定图表，单击"图表工具"中"布局"选项卡下的"图表标题"，并在弹出的下拉菜单中选择一个选项，再在图表中的标题处输入"学生成绩统计图表"。右击图表标题，选择"字体"，在"字体"对话框中进行设置。用同样的方法输入坐标轴标题，并对坐标轴标题进行格式设置。

② 右击分类轴上的姓名，在弹出的快捷菜中选择"字体"，打开"字体"对话框，完成格式设置。用同样的方法完成对图例中的文字格式的设置。

2）将图表的边框设置为"圆角、阴影、红色、线宽2磅"。操作步骤如下：

① 右击图表区空白处，在弹出的快捷菜中选择"设置图表区格式"，打开"设置图表区格式"对话框。

② 单击"边框颜色"，选择"实线、红色"。

③ 单击"边框样式"，宽度选择"2磅"、联接类型选择"圆形"，并勾选"圆角"选项按钮；单击"阴影"，选择一种阴影颜色。

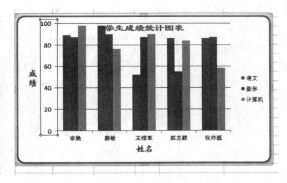

3）将数值轴刻度的最大值设为100，最小值设为0，主要刻度单位设置为20，次要刻度单位设置为5，并将图表调整为如图3-67所示的效果。

右击数值轴刻度数据，在弹出的快捷菜单中选择"设置坐标轴格式"，打开"设置坐标轴格式"对话框；在"坐标轴选项"中，最小值、最大值、主要刻度单位和次要

图 3-67　设置刻度后的图表效果

刻度单位都选择"固定"，刻度值分别选择0、100、20、5，单击"关闭"按钮完成设置。

4）将图表中"数学"的数据系列删除。

右击绘图区空白处，在弹出的快捷菜单中选择"选择数据"，打开"选择数据源"对话框；在"选择数据源"对话框中选中"数学"，单击"删除"按钮完成对"数学"的删除，如图3-68所示。

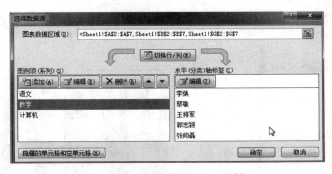

图 3-68　"选择数据源"对话框

5）将"英语"的数据系列添加到图表中，并使"英语"数据系列位于"计算机"数据系列的前面，如图3-69所示。

① 在"选择数据源"对话框中，单击"添加"按钮，在"系列名称"框中输入"英语"。

② 单击"系列值"框中的"数据选择"按钮，在工作表中选定英语成绩（即E2：E6），再单击"数据选择"按钮，返回

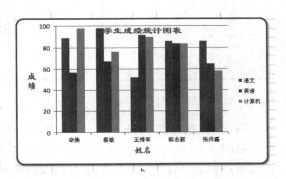

图 3-69　数据系列操作结果

对话框，单击"确定"按钮完成添加。

③ 在"选择数据源"对话框中，选中系列项"英语"，单击"上移"按钮 ，便将"英语"移到"计算机"之前。

6）为图表中"语文"的数据系列添加以值显示的数据标签，并添加多项式趋势线，如图 3-70 所示。

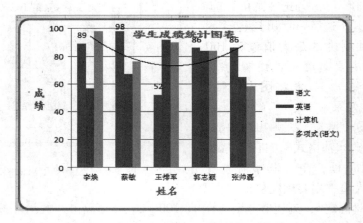

图 3-70　数据标签及趋势线

① 右击图表中的"语文"系列，在弹出的快捷菜单中选择"添加数据标签"命令，即可在"语文"图表上方添加数据标签。

② 右击图表中的"语文"系列，选择"添加趋势线"，打开"设置趋势线格式"对话框，在"趋势线选项"中选中"多项式"，如图 3-71 所示。单击"关闭"按钮完成设置，操作结果如图 3-72 所示。

图 3-71　"设置趋势线格式"对话框

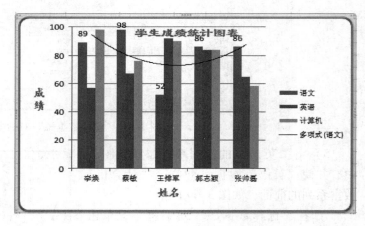

图 3-72　操作结果

（三）创建数据透视表

根据图 3-65 所示的"学生成绩表"，在工作表 Sheet2 中从 A1 单元格开始的位置，创建一张数据透视表，显示男、女同学各门课程的平均分，要求"性别"移至"行"，四门课程的成绩在数值区，结果保留 1 位小数。

1）光标置于数据记录单中的任意单元格内。

2）单击"插入"选项卡"表格"组中的"数据透视表"按钮，选择"数据透视表"命令，打开"创建数据透视表"对话框。

3）在"创建数据透视表"对话框中选择数据区域（Sheet1！＄A＄2：＄I＄14）和数据透视表的位置（Sheet2！＄A＄1），单击"确定"按钮。

4）在添加字段列表中将"性别"移至"行"，将"语文""数学""英语""计算机"依次移至数值区。

5）依次单击字段列表中每个字段右边的下拉按钮，在下拉菜单中选择"值字段设置"，打开"值字段设置"对话框，在"计算类型"列表中依次选择"平均值"，所建数据透视表如图 3-73 所示。

图 3-73　数据透视表操作结果

（四）创建数据透视图

根据图 3-65 所示的"学生成绩表"建立数据透视图，显示各专业英语和计算机课程的最低分，结果放在 Sheet3 中。

1）光标置于 Sheet1 数据记录单中的任意单元格内；单击"插入"选项卡"表格"组中的"数据透视表"按钮，选择"数据透视图"命令，打开"创建数据透视图"对话框；在"创建数据透视图"对话框中选择数据区（Sheet1！＄A＄2：＄I＄14）和数据透视图的位置（Sheet3！＄A＄1），单击"确定"按钮。

2）在添加字段列表中将"专业"移至"行"，将"英语""计算机"依次移至数值区，依次单击字段列表中每个字段右边的下拉按钮，在下拉菜单中选择"值字段设置"，打开"值字段设置"对话框，在"计算类型"列表中依次选择"最小值"即可，结果如图 3-74 所示。

各专业的英语和计算机课程最低分对应的数据透视表也在图 3-74 的左上方显示出来。

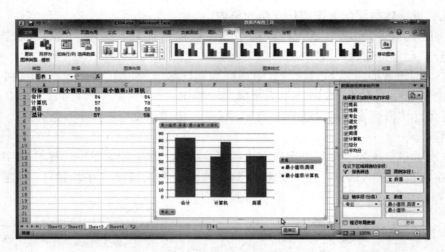

图 3-74　显示各专业英语和计算机课程最低分的数据透视图

第四章

PowerPoint 2010 实训

第一节　PowerPoint 2010 基本操作实训

实训目的与要求	实训学时
1. 熟练使用 PowerPoint 2010 的操作界面和功能。 2. 熟练掌握 PowerPoint 2010 幻灯片的制作。 3. 熟练掌握 PowerPoint 2010 演示文稿的编辑。 4. 通过实例操作，体会演示文稿强大的编辑和演示功能。	2 学时

一、创建演示文稿

创建新的演示文稿，选择"文件"→"新建"命令，显示如图 4-1 所示界面。最常用的创建新演示文稿的方法有三种。

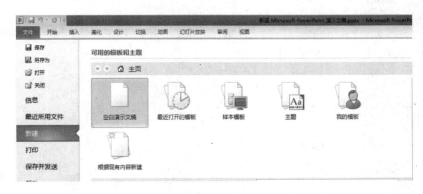

图 4-1　"新建"界面

（一）使用"样本模板"或"Office. com 模板"创建演示文稿

1）单击"样本模板"，它提供了多种不同主题及结构的演示文稿示范，如都市相册、古典型相册、宽屏演示文稿、培训、现代型相册、项目状态报告、小测验短片、宣传手册。可以直接使用这些演示文稿类型创建所需的演示文稿，如图 4-2 所示。

2）单击"Office. com 模板"，它提供了多种不同类型演示文稿示范，如报表、表单表格、贺卡、库存控制、证书、奖状、信件及信函等。可以直接单击这些演示文稿类型，计算机直接从 Office. com 上下载模板，即可创建所需的演示文稿，如图 4-3 所示。

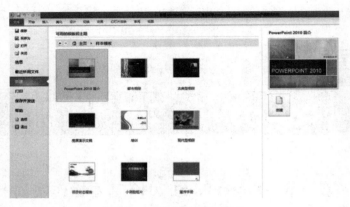

图 4-2 "样本模板"界面

（二）使用"主题"创建演示文稿

应用设计模板，可以为演示文稿提供完整、专业的外观，内容则可以灵活地自主定义。

1）在"主题"界面中，单击任意一个类型，即可进入对应主题演示文稿的编辑，如图 4-4 所示。

2）单击"开始"→"幻灯片"→"版式"，从多种版式中为新幻灯片选择需要的版式。

3）在幻灯片中输入文本，插入各种对象。然后建立新的幻灯片，再选择新的版式。

图 4-3 "Office. com 模板"界面

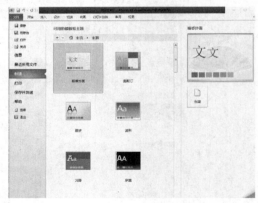

图 4-4 "主题"界面

（三）建立空白演示文稿

使用不含任何建议内容和设计模板的空白幻灯片制作演示文稿。

1）在"新建演示文稿"任务窗格中，单击"空演示文稿"选项，新建一个默认版式的演示文稿。

2）单击"开始"→"幻灯片"→"版式"，从多种版式中为新幻灯片选

002 版式与分节

择需要的版式。

3）在幻灯片中输入文本，插入各种对象。然后建立新的幻灯片，再选择新的版式。

二、前期简单编辑操作

1）启动 PowerPoint 2010 新建一个"演示文稿 1"。

2）在工具栏"文件"的"新建"中，选择新建演示文稿类型。

3）再单击"开始"→"幻灯片"→"新建幻灯片"选项，选择幻灯片版式，如图 4-5 所示。或者单击"开始"→"幻灯片"→"版式"从中选择幻灯片版式。

4）若在"幻灯片版式"中没有合适的版式，可以在"设计"菜单栏中的"主题"选项中打开幻灯片设计模板，进行模板设计，如图 4-6 所示。

5）选中幻灯片进行编辑操作，添加标题栏和文本。完成后的效果如图 4-7 所示。

6）保存"演示文稿 1"并退出演示文稿。

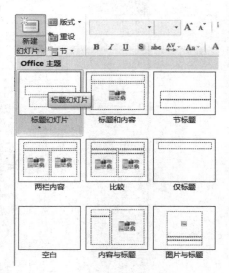

图 4-5　插入新幻灯片

图 4-6　幻灯片设计模板

三、后期插入图表操作

（一）在图表中插入数据

1）打开"演示文稿 1"，单击"开始"→"幻灯片"→"版式"，选择其中含有图表的版式，单击"确定"按钮，如图 4-8 所示。

2）单击添加标题文本框区域，输入"家电商场本年度销售统计表（万元）"。选取这些文字将字体设置为"新魏"，字体颜色设置为"棕红色"，并为标题添加"浅绿色"背景。

3）双击添加图表框区域，出现图表样式和数据表编辑区。在数据表中按图 4-9 所给出的数据修改原数据表给出的模拟数据。

（二）修改图表样式

1）在图表区域任意位置，单击鼠标右键，在弹出的快捷菜单中选择"三维旋转"命令，弹出"设置图表区格式"对话框中"三维旋转"。

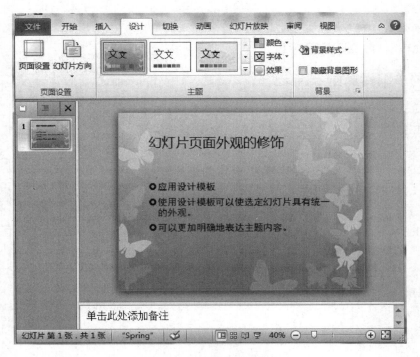

图 4-7　完成后的效果图

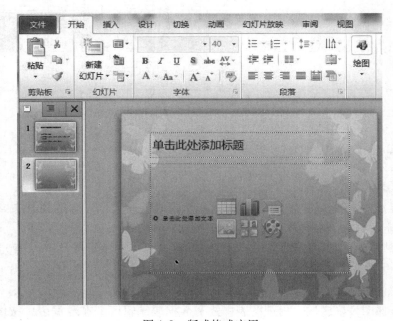

图 4-8　版式格式应用

2）在"旋转"选项组中，将"X"和"Y"都改为 25，单击"关闭"按钮，如图 4-10 所示。

3）用鼠标双击图标区域中的某个柱体（注意此时四个季度均被选中），出现"设置数据

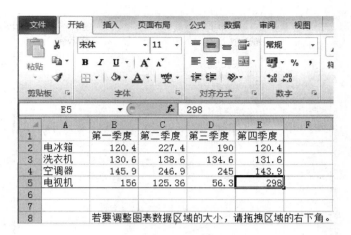

图 4-9　样式数据表格

图 4-10　设置图表区格式对话框

系列格式"对话框。在"填充"选项卡中，选择一种颜色，单击"确定"按钮，如图 4-11 所示。

　　4）按以上方法依次将电冰箱、洗衣机、空调器、电视机设置成红、蓝、黄、绿 4 种颜色。

　　5）鼠标右击背景墙，在弹出的快捷菜单中选择"设置背景墙格式"命令，出现"设置背景墙格式"对话框，选择"填充"中的"纯色填充"，此处设置为"浅黄色"。

图 4-11 "设置数据系列格式"对话框

6) 回到幻灯片窗口查看最后效果，如图 4-12 所示。

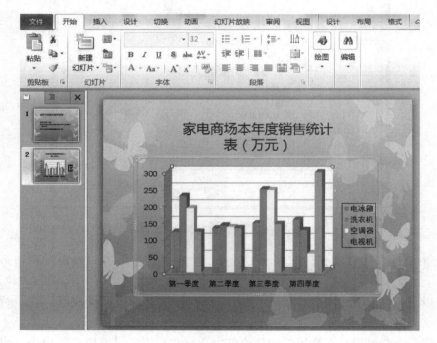

图 4-12 效果图

第二节　PowerPoint 2010 进阶式实训

实训目的与要求	实训学时
1. 进一步熟悉演示文稿制作的技巧。 2. 掌握在幻灯片中插入组织结构图、文本框、图形、声音等对象。	2 学时

一、设置幻灯片的背景

1）启动 PowerPoint 2010，新建一演示文稿，命名为"湖北理工学院"。选择"设计"→"背景样式"命令，或在幻灯片窗格单击鼠标右键，在弹出的快捷菜单中选择"设置背景格式"命令，打开"设置背景格式"对话框，如图 4-13 所示。

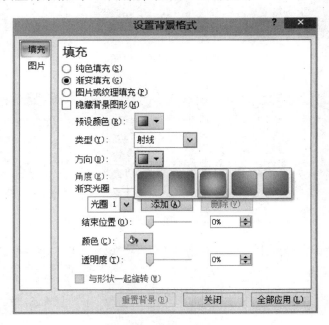

图 4-13　"设置背景格式"对话框

2）在"设置背景格式"对话框中，在"填充"中选择"渐变填充"，打开"填充效果"对话框，方向选择"中心辐射"，选择"全部应用"，生成如图 4-14 所示的背景。

二、编辑幻灯片母版

（一）插入图片

1）选择"视图"→"幻灯片母版"命令，如图 4-15 所示，切换到幻灯片的母版视图。

2）选择"插入"→"图片"→"来自文件"命令或单击"插入"工具栏的"图片"按钮，打开"插入图片"对话框，如图 4-16 所示。

3）在"插入图片"对话框中，如图 4-17 所示，在"查找范围"下拉列表中切换到文件所在的文件夹，在"文件"列表中选取"湖北理工学院校徽"，单击"插入"按钮。

图 4-14   背景效果图

图 4-15   "视图"菜单下的"幻灯片母版"

4）移动鼠标指针到图片上，当鼠标指针变为时，按下鼠标左键，此时指针变为形状。拖动鼠标，移动图片到幻灯片的左上角，释放鼠标。

（二）插入圆角矩形

1）单击"插入"→"形状"→"圆角矩形"按钮，如图 4-18 所示。

2）将鼠标移到幻灯片上，鼠标指针变为十字形，拖动鼠标，显示实线框表示图形的大小。拖动图形到合适的大小后，释放鼠标。

图 4-16   "插入"菜单下的"图片"

3）在圆角矩形上单击鼠标右键，在弹出的快捷菜单中选择"添加文本"命令，在圆角矩形里出现插入点，输入文本"学校概况"。

4）选中文本"学校概况"，在"格式"工具栏的"字体"下拉列表中选择字体类型，在"字号"下拉列表中选择大小。

5）选中圆角矩形，按住〈Ctrl〉键不放，反复拖动鼠标，复制出 4 个圆角矩形。

图 4-17　"插入图片"对话框

图 4-18　插入圆角矩形

6）拖动鼠标，选中 5 个圆角矩形，将产生如下菜单，使用按钮将图标排列整齐。

7）在圆角矩形上单击鼠标右键，在弹出的快捷菜单中选择"编辑文本"命令，将其余 4 个圆角矩形的文本分别改为"理工校训""理工精神""校歌""校园风景"，设置后效果如图 4-19 所示。

8）设置超链接，选中圆角矩形对象"学校概况"，单击鼠标右键在弹出的快捷菜单中选择"超链接"，如图 4-20 所示。

图 4-19　圆角矩形的文本设置

005 对齐与组合

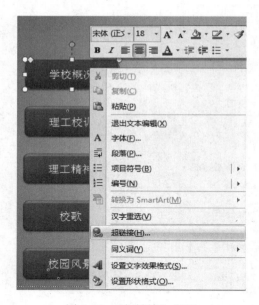

图 4-20　"超链接"设置

007 动作按钮和超链接

在弹出的"插入超链接"对话框中选择"本文档中的位置"→"幻灯片 2"，这样无论在哪张页面，单击"学校概况"图标后都会跳转到本文档的第二张幻灯片，按此步骤将其余各图标链接到幻灯片 3～6 上，如图 4-21 所示。

单击"普通视图"按钮，或选择"视图"→"普通"命令，切换到幻灯片普通视图。

三、编辑第二张幻灯片

（一）插入新幻灯片

输入下列文本，效果如图 4-22 所示。

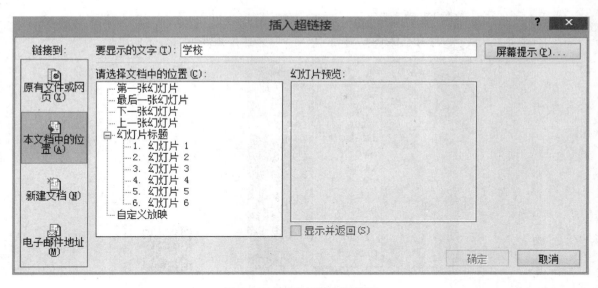

图 4-21 "插入超链接"设置

湖北理工学院是一所以工为主，工理结合，工、理、经、管、医、文、教、艺等学科门类协调发展的省属普通本科高校。

学校位于华夏青铜文化发祥地之一的湖北省黄石市。学校自 1975 年建校，迄今已有 40 多年的办学历史。

学校下设 20 个教学院部，2 个附属医院，全日制在校学生 20000 余人。

图 4-22 "学校概况"文本

（二）设置动画方案

选中全部文字后，选择"动画"命令，在列表中选择"浮入"动画样式，如图 4-23 所示。

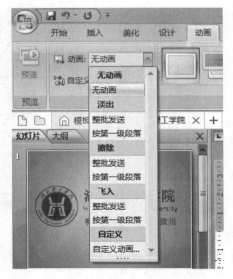

图 4-23 "动画"设置   011 动画设置

四、编辑第三张幻灯片

（一）SmartArt 工具

选择"插入"→"SmartArt"命令，打开"选择 SmartArt 图形"对话框，如图 4-24 所示，在列表中选择"矩阵"下的"带标题的矩阵"，结果如图 4-25 所示。

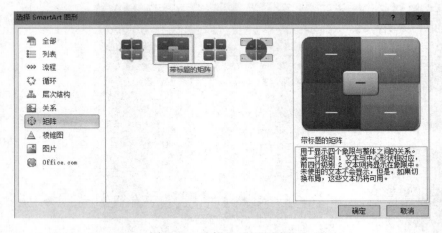

图 4-24 选择 SmartArt 图形   004 文本转换成 SmartArt

（二）在文本框中依次输入以下文字

明德：源自《礼记·大学》："大学之道：在明明德，在亲民，在止于至善。"意为发扬光明的美德，立德树人，以德为先，以德修身。

格物：自《礼记·大学》："致知在格物。"意为探究事物的道理，严谨求实，追求真知。

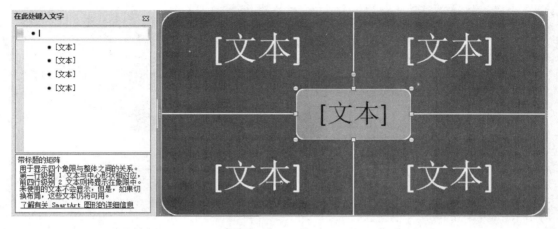

图 4-25　带标题的矩阵

经世：源自《庄子·齐物论》："春秋经世，先王之志，圣人议而不辩。"意为胸怀祖国、勇于担当、发展能力、服务社会、服务人民。

致用：源自《周易》："精义入神，以致用也。"意为学以致用，理论联系实际，人才以用为本。

（三）选配色

选择"设计"→"更改颜色"调整配色方案，如图 4-26 所示。

五、编辑第四张幻灯片

1）选择"插入"→"SamrtArt"命令。

2）在"选择 SmartArt 图形"对话框中选择"层次结构"→"水平多层层次结构"，如图 4-27 所示，单击"确定"按钮。幻灯片上出现一个组织结构图对象，同时打开"组织结构图"工具栏。

3）在组织结构图的第一个图块中单击鼠标，出现插入点，输入文本"理工精神"。在第二行中间的图块中单击鼠标，出现插入点，输入其余文本，如图 4-28 所示。

六、编辑第五张幻灯片

（一）插入声音

1）选中第五张幻灯片，选择"插入"→"声音"→"文件中的声音"，如图 4-29 所示，打开"插入声音"对话框。在"查找范围"下拉列表中切换到声音文件所在的文件夹，在文件列表中选取需要插入的声音文件"校歌"。

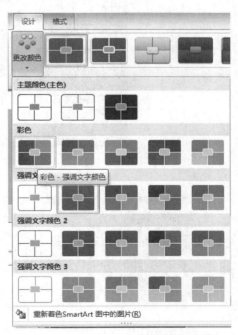

图 4-26　更改颜色

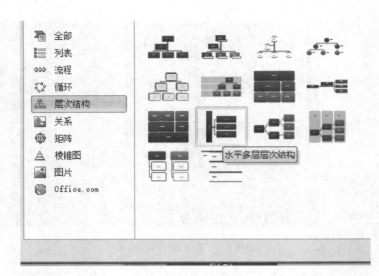

图 4-27　"水平多层层次结构"图

图 4-28　文字设置

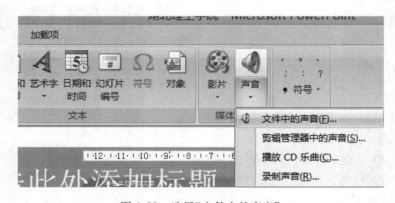

图 4-29　选择"文件中的声音"

009 插入音频

2）选择"音频工具"→"播放"，弹出的对话框询问用户在何时播放声音，单击"单击时"按钮，则放映此幻灯片时单击鼠标播放声音。

（二）输入文本

插入一个文本框，在其中输入如下文字后，调整行间距、字间距，设置字体和字号，效果如图 4-30 所示。

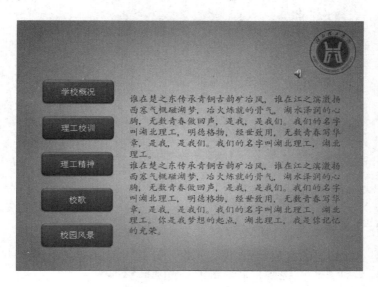

图 4-30 "校歌"页面

谁在楚之东传承青铜古韵矿冶风，谁在江之滨激扬西塞气概磁湖梦，冶火炼就的骨气，湖水泽润的心胸，无数青春做回声，是我，是我们。我们的名字叫湖北理工，明德格物，经世致用，无数青春写华章，是我，是我们。我们的名字叫湖北理工，湖北理工。

谁在楚之东传承青铜古韵矿冶风，谁在江之滨激扬西塞气概磁湖梦，冶火炼就的骨气，湖水泽润的心胸，无数青春做回声，是我，是我们。我们的名字叫湖北理工，明德格物，经世致用，无数青春写华章，是我，是我们。我们的名字叫湖北理工，湖北理工。你是我梦想的起点，湖北理工，我是你记忆的光荣。

七、编辑第六张幻灯片

（一）插入图片

单击"插入"→"图片"，打开"插入图片"对话框。在"查找范围"下拉列表中切换到文件所在的文件夹，在"文件"列表中选取需要插入的文件，单击"插入"按钮。用同样的方式，插入图片"办公楼""体育馆""教学楼"等。效果如图 4-31 所示。

（二）设置动画效果

选择"幻灯片放映"→"自定义动画"命令，打开"自定义动画"任务窗格。在幻灯片窗格中选择所有的组合对象，单击"添加效果"按钮，在弹出的菜单中选择"进入"→"切入"。在"开始"下拉列表中选择"之后"，在"速度"下拉列表中选择"快速"。将组合对象的动画效果方向分别设为"自左侧""自右侧""自顶部""自底部"。

图 4-31 "校园风景"

八、编辑封面

选择"开始"→"新建幻灯片",选择"标题幻灯片",如图 4-32 所示。选择"插入"→"艺术字",如图 4-33 所示。选择艺术字样式,如图 4-34 所示。

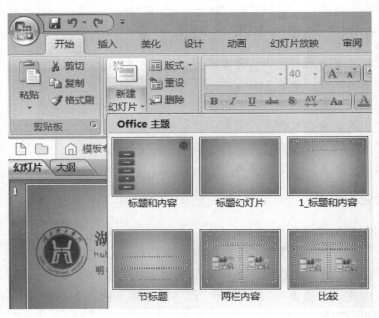

图 4-32 选择"新建幻灯片"

选择合适的样式后输入"湖北理工学院"等字样,插入校徽图片,调整排版。但此时封面页在文档的最后,在幻灯片视图中可用鼠标的拖动将其移动到文档的开始。完成设计,效果如图 4-35 所示。

图 4-33　选择"艺术字"

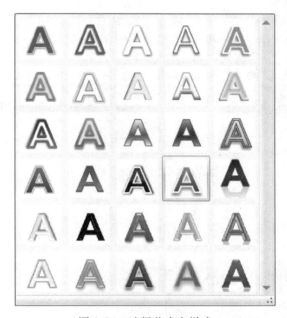

图 4-34　选择艺术字样式

图 4-35　完成效果图

第三节　PowerPoint 2010 综合应用实训

一、制作古诗鉴赏幻灯片

制作古诗鉴赏相关幻灯片，包括作者介绍、古诗朗读、词语注解、句段赏析、古诗评析等内容。具体操作步骤如下。

1）单击第 4 张幻灯片，然后在"插入"选项卡下的"插图"选项组中单击"形状"按钮，从弹出的菜单中单击"文本框"按钮，如图 4-36 所示。

图 4-36　选择形状

2）在幻灯片中插入文本框，然后输入如图 4-37 所示的文本。

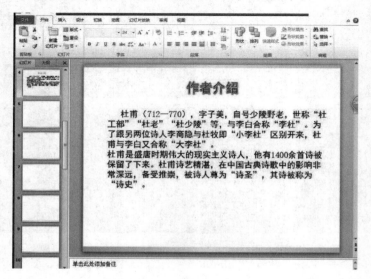

图 4-37　输入文本

3）选中文本框中的文本，然后在"开始"选项卡下的"段落"选项组中单击对话框启动器按钮，如图 4-38 所示。

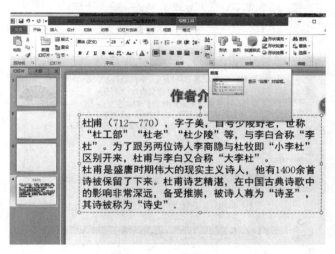

图 4-38　单击"段落"按钮

4）弹出"段落"对话框，切换到"缩进和间距"选项卡，然后在"特殊格式"下拉列表框中选择"首行缩进"选项，并设置缩进度量值，接着在"行距"下拉列表框中选择"固定值"选项，并在"设置值"微调框中输入数值，如图 4-39 所示。

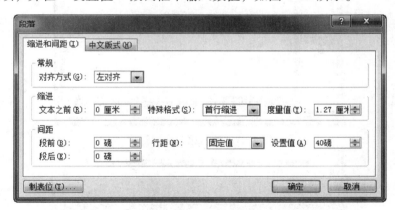

图 4-39　设置段落格式

5）单击"确定"按钮，返回演示文稿窗口，设置段落格式后的效果如图 4-40 所示。

6）单击第 5 张幻灯片，修改幻灯片标题然后插入文本框，并在其中输入古诗内容，如图 4-41 所示。

7）选中文本，然后在"开始"选项卡下的"字体"选项组中，设置文本的字体为"楷体"、字号为"44"，在"段落"选项组中设置行距为"1.5 倍行距"，效果如图 4-42 所示。

8）选中文本，然后在"开始"选项卡下的"段落"选项组中单击"项目符号"按钮，从弹出的菜单中选择一种项目符号样式，如图 4-43 所示。

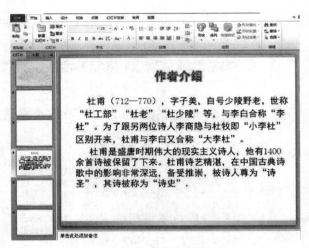

图 4-40　设置段落格式后的效果

图 4-41　编辑第 5 张幻灯片

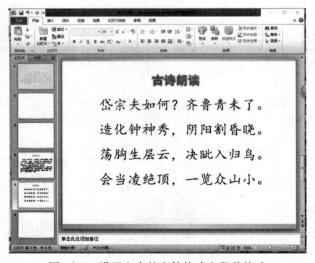

图 4-42　设置文本的字体格式和段落格式

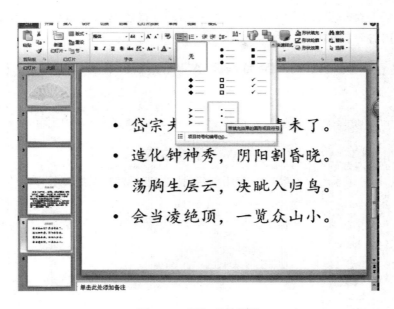

图 4-43　添加项目符号

9）单击第 6 张幻灯片，然后修改幻灯片标题，接着插入文本框，并在文本框中输入要注解的词语，如图 4-44 所示。

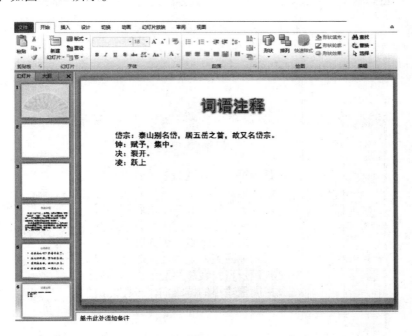

图 4-44　编辑第 6 张幻灯片

10）选中文本，然后设置文本的字体格式和段落格式，效果如图 4-45 所示。

11）单击第 7 张幻灯片，然后修改幻灯片标题，接着插入文本框，并在文本框中输入赏析内容，如图 4-46 所示。

12）单击第 8 张幻灯片，然后修改幻灯片标题，接着插入文本框，并在文本框中输入对古诗的评析内容，如图 4-47 所示。

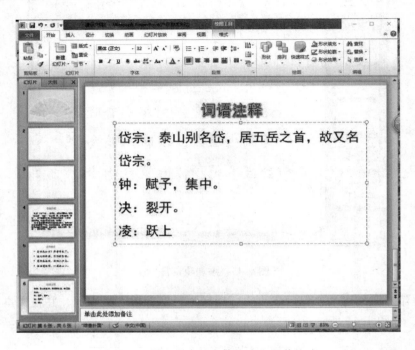

图 4-45　设置文本的字体格式和段落格式

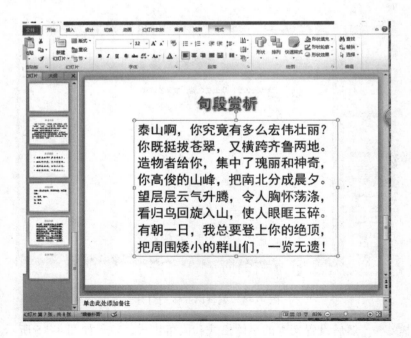

图 4-46　编辑第 7 张幻灯片

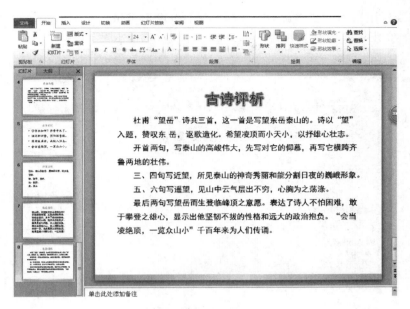

图 4-47　编辑第 8 张幻灯片

二、制作朗诵辅助幻灯片

制作一张朗诵辅助幻灯片，可以从互联网上找一些跟古诗相关的短片或视频，将其链接到该幻灯片中。具体操作步骤如下。

1）在状态栏中单击"幻灯片浏览"按钮，进入幻灯片浏览视图模式，将第 9 张幻灯片拖动到第 5 张幻灯片的后面，调整幻灯片位置，如图 4-48 所示。

图 4-48　移动幻灯片

2）在状态栏中单击"普通视图"按钮，接着在左侧窗格中单击第6张幻灯片，并修改幻灯片标题，如图4-49所示。

图4-49　修改幻灯片标题

3）在"插入"选项卡下的"文本"选项组中单击"艺术字"按钮，从弹出的菜单中选择一种艺术字样式，如图4-50所示。

4）这时将会出现含有"请在此放置您的文字"字符的文本框，如图4-51所示。修改文本内容，输入"古诗朗诵（一）"。

5）单击步骤4）中输入的艺术字，然后在"格式"选项卡中，单击"形状样式"选项组中的"其他"按钮，从弹出的菜单中选择要使用的形状样式，如图4-52所示。

6）在"格式"选项卡下的"形状样式"选项组中单击"形状填充"按钮，从弹出的菜单中选择"渐变"命令，接着从子菜单中选择一种渐变样式，如图4-53所示。

7）在"格式"选项卡下的"形状样式"选项组中单击"形状轮廓"按钮，从弹出的菜单中单击"标准色"选项组中的"绿色"按钮，如图4-54所示。

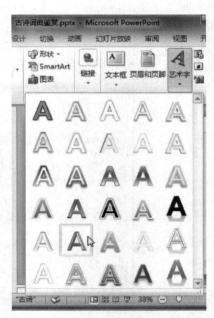

图4-50　单击"艺术字"按钮

8）在"形状样式"选项组中单击"形状轮廓"按钮，从弹出的菜单中选择"虚线"命令，接着在子菜单中选择线条样式，如图4-55所示。

9）在"格式"选项卡下的"形状样式"选项组中单击"形状效果"按钮，从弹出的

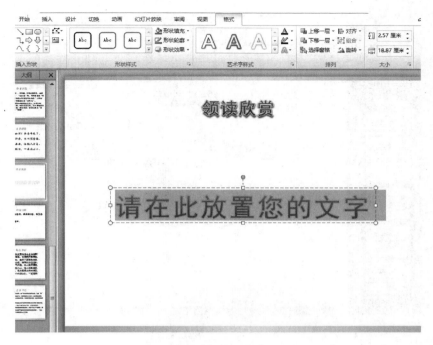

图 4-51　输入文本

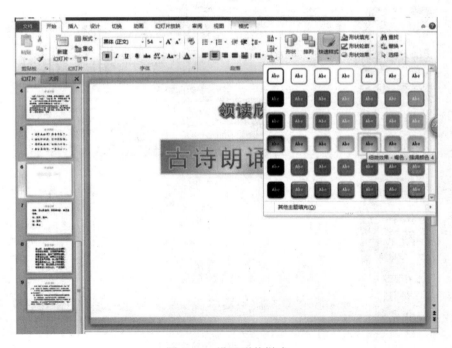

图 4-52　设置形状样式

菜单中选择"发光"命令，接着从子菜单中选择一种发光效果。

10）选中图形，按〈Ctrl + C〉组合键复制图形，然后按〈Ctrl + V〉组合键粘贴图形，接着调整图形位置，再修改新图形中的文本内容为"古诗朗诵（二）"，如图 4-56 所示。

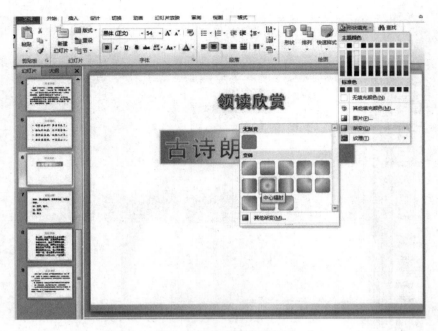

图 4-53　设置填充效果

图 4-54　设置形状轮廓颜色

11）单击第一个图形，然后在"插入"选项卡下的"链接"选项组中单击"超链接"按钮，如图 4-57 所示。

12）弹出"插入超链接"对话框，单击"浏览过的网页"选项，接着在"地址"文本

图 4-55　设置形状轮廓线条

图 4-56　复制图形

框中输入网址，再单击"确定"按钮，如图 4-58 所示。

　　13）使用类似方法为第二个图形设置超链接。至此，古诗鉴赏幻灯片制作完成。

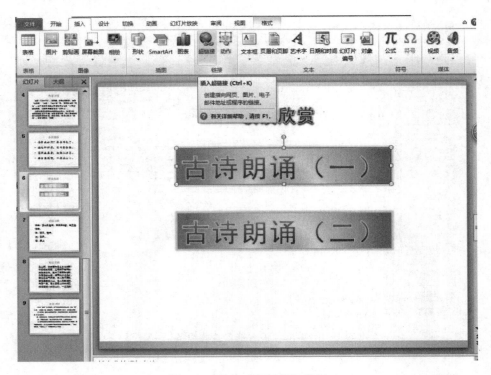

图 4-57 单击"超链接"按钮

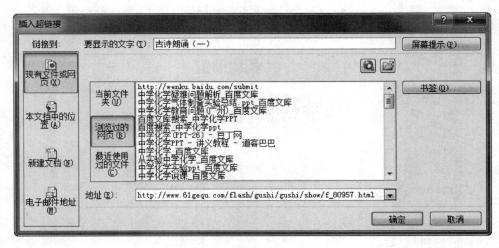

图 4-58 "插入超链接"对话框

第五章

Access 2010 实训

第一节　Access 2010 基本操作实训

实训目的与要求	实训学时
1. 了解 Access 2010 数据库的基本组成及各对象的意义。 2. 熟悉 Access 2010 的工作环境、表结构的编辑和表中数据的操作方法。 3. 掌握建立数据表的方法、创建数据库的基本方法和创建主键的方法。 4. 掌握建立数据表之间关系的方法。	2 学时

一、数据库和数据表的建立

学校需要进行一次教学比赛，由多名专家评委组成评委团对参赛者进行评分，根据评分规则决定选手的名次。选手的基本情况见表 5-1，评委的基本情况见表 5-2，评分的情况见表 5-3。

表 5-1　选手基本情况表

选手编号	姓　名	性别	出生日期	婚否	出生地	照片
0101	刘小平	男	1988/12/26	F	北京	
0102	王　芳	女	1986/10/01	F	湖北	
0201	赵平华	男	1982/06/22	F	湖南	
0202	钱贵花	女	1980/09/20	T	广东	
0301	刘　其	男	1984/11/11	F	北京	
0302	尚　杰	男	1987/01/12	F	上海	

表 5-2　评委基本情况表

评委编号	姓　名	性别
001	祝福贵	男
002	朱贵仙	女
003	张国宾	男
004	毛一平	男

表 5-3　评分情况表

选手编号	成绩	评委编号
0101	9.6	001
0101	9.7	002
0101	9.0	003
0101	8.9	004
0102	8.9	001
0102	8.6	002
0102	8.5	003
0102	9.0	004
0201	9.1	001
0201	9.2	002
0201	9.3	003
0201	9.8	004
0202	9.5	001
0202	9.4	002
0202	9.4	003
0202	9.3	004

（一）启动 Access 2010 并创建"评分管理 . accdb"数据库

1）在 Windows 的"开始"菜单中选择"所有程序"→"Microsoft Office"→"Microsoft Office Access 2010"命令，启动 Access 2010。

2）在 Microsoft Office Access 2010 中，选择"文件"→"新建"命令，打开"新建"任务窗格。单击任务窗格中"空数据库"，新建一个数据库。

3）单击"文件"，选择"数据库另存为"，设置数据库的保存位置，在"文件名"组合框中输入"评分管理"数据库文件名，单击"保存"按钮，完成"评分管理"数据库的创建。创建后的数据库窗口如图 5-1 所示。

图 5-1　"评分管理"数据库窗口

（二）利用表设计视图方式创建三个表结构

1）首先创建"选手"表，在如图 5-1 所示的"评分管理"数据库窗口中，用鼠标右键单击"表1"对象，在弹出的快捷菜单中选择"设计视图"，打开表的"另存为"对话框，输入"选手"，单击"确定"按钮，进入选手表设计视图编辑。

2）选中"字段名称"的第一行，输入第一个字段"选手编号"，设置字段名称为"选手编号"；在"数据类型"项对应处的下拉列表中选择"文本"；在"字段属性"的"常规"选项卡中，设置"字段大小"为"4"；在"输入掩码"中输入"0000"（以"0"作为输入掩码表示该字段的 4 个字符只能输入 0 ~ 9 这 10 个符号），如图 5-2 所示。

3）选中"字段名称"的第二行，输入"姓名"；"数据类型"选择"文本"；在"字段属性"的"常规"选项卡中，设置"字段大小"为"4"。

4）选中"字段名称"的第三行，输入"性别"；"数据类型"选择"文本"；在"字段属性"的"常规"选项卡中，设置"字段大小"为"1"。

5）选中"字段名称"的第四行，输入"出生日期"；"数据类型"选择"日期/时间"。

6）选中"字段名称"的第五行，输入"婚否"；"数据类型"选择"是/否"。

7）选中"字段名称"的第六行，输入"出生地"；"数据类型"选择"文本"；在"字段属性"的"常规"选项卡中，设置"字段大小"为"4"。

8）选中"字段名称"的第七行，输入"照片"；"数据类型"选择"OLE 对象"。

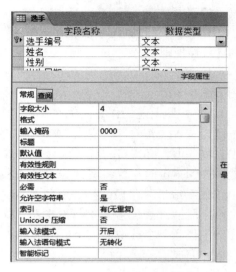

图 5-2　"选手"表设计视图

9）所有字段创建完毕后，单击窗口右上角的"关闭"按钮，关闭"选手设计视图"窗口。在弹出的"是否保存对表'选手'的设计的更改?"对话框中选择"是"按钮，"选手"表创建完毕。

创建完"选手"表后可按此方法分别创建"评委"表和"评分"表，"评委"表的结构见表 5-4，"评分"表的结构见表 5-5。

表 5-4　"评委"表的结构

字段名称	字段类型	字段宽度
评委编号	文本	3 个字符
姓名	文本	4 个字符
性别	文本	1 个字符

表 5-5　"评分"表的结构

字段名称	字段类型	字段宽度
选手编号	文本	4 个字符
成绩	数字	单精度型
评委编号	文本	3 个字符

（三）设置主键及有效性规则

给三个表分别设置主键；对"选手"表的性别字段设置有效性规则和有效性文本。

1）在"评分管理"数据库窗口中，选中左边窗格中的"选手"表，用鼠标右键单击，在弹出的快捷菜单中选择"设计视图"命令，打开表的设计视图。

2）在设计视图中选中"选手编号"字段，在该字段上单击鼠标右键，在弹出的快捷菜单中选择"主键"，字段名左边将出现图标，则设置主键成功。如果"选手编号"已经设置为主键，则可不用再设置。设置"选手编号"为主键将保证在该表中不允许出现相同选手编号的记录。

3）选中"性别"字段，在"常规"选项卡中的"有效性规则"文本框中输入性别字段的有效性规则："男"or"女"。（其中""需切换成英文输入法" "，否则会出现语法错误）

4）在有效性文本中输入出错时的提示文本：性别只能是男或女。设计完成后的设计视图如图 5-3 所示。

5）按照上述操作方法依次设置"评委"表和"评分"表的主键，其中"评委"表的主键为"评委编号"。需要注意的是，在"评分"表中任何一个字段都无法保证在所有记录中有唯一值，必须将"评委编号"和"选手编号"组合才能保证记录的唯一性，因此在设置该表的主键时需要将"评委编号"和"选手编号"组合作为主键。其设置方法是：先选中"选手编号"字段的行选定器，然后按住〈Ctrl〉键，再用鼠标单击需设置主键组合的另一个字段"评委编号"的行选定器，这时两个字段都处于选中状态，然后按住〈Ctrl〉键，在其中任意一个选中字段上单击鼠标右键，在弹出的快捷菜单中选择"主键"，则主键设置完成，完成后的设计视图如图 5-4 所示。

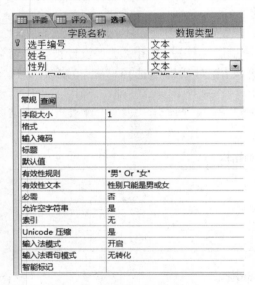

图 5-3 设计完成后的设计视图

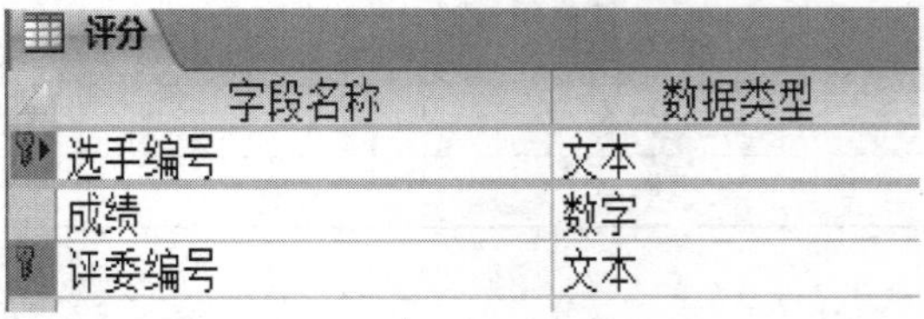

图 5-4 "评分"表设计视图

（四）为三个表分别输入相应的记录

1）在数据库左边窗格中选中"选手"表，首先双击"选手"表，进入如图 5-5 所示的数据表视图，在该数据表视图中按表 5-1 的内容依次输入数据。

图 5-5 "选手"表的数据表视图窗口

2）由于"照片"字段是"OLE"类型数据，所以照片不能直接输入到此字段中，事先可以先将采集到的照片保存在图片文件中，用鼠标右键单击录入单元格，在弹出的快捷菜单中选择"插入对象"，选择"新建"中对应类型。

也可以用鼠标右键单击"照片"录入单元格，在弹出的快捷菜单中选择"插入对象"，在弹出对话框中选中"由文件创建"单选按钮，在"文件"文本框中输入文件路径或单击"浏览"按钮查找对应的学生照片文件，然后单击"确定"按钮，图片将被嵌入到记录中。

3）录入完一条记录信息后可以将光标移动到下一行继续输入。其中，记录选择器不同显示代表意义如下：

▶表示记录是当前记录，且记录已按照当前内容保存。

■表示新记录，可在其中输入信息。

✏表示正在编辑的记录，所做的更改尚未保存。

4）按上述步骤分别将"评委"表和"评分"表中的内容输入。输入完毕的"选手"表如图5-6所示。

评委	评分	选手				
选手编号 ▾	姓名 ▾	性别 ▾	出生日期 ▾	婚否 ▾	出生地 ▾
0101	刘小平	男	1988/12/26	☐	北京
0102	王芳	女	1986/10/1	☐	湖北
0201	赵平华	男	1982/6/22	☐	湖南
0202	钱贵花	女	1980/9/20	☑	广东
0301	刘其	男	1984/11/11	☐	北京
0302	尚杰	男	1987/1/12	☐	上海
*				☐	

图5-6　输入完成后的"选手"表

提示：在输入数据时注意主键和有效性规则的限制，主键字段上不能出现重复值。例如，在输入完"选手"表后在其中追加一条记录，其记录为：选手编号0201，姓名张三，性别女，则这时选手编号与原有记录重复，系统会出现如图5-7所示的对话框，提示主键字段重复，在单击"确定"按钮回到数据表视图窗口后按〈Esc〉键取消本记录的输入或直接进行修改。

图5-7　主键重复的提示对话框

如果输入的数据违反了有效性规则，如在"选手"表中输入的性别为男或女之外的字符，也将出现类似的提示信息，请注意观察其不同之处。

（五）排序并筛选

对"选手"表先按性别排序，性别相同按年龄由大到小排序，并筛选出其中未婚的选手。

如果对单个字段进行排序，则直接单击该字段右边 ▾，在弹出的菜单中选择"升序" ↑ 或"降序" ↓。如果涉及多个字段排序，则单击对应字段右边 ▾，直接一个个设置。

1）在"选手"表的数据表视图中，先选中"性别"排序字段。

2）单击该字段右边 ▼，在弹出的菜单中选择"升序" $\frac{A}{Z}\downarrow$。在多字段排序时，最左边的选中字段作为第一排序字段，首先按第一排序字段的大小顺序排列，当第一排序字段有相同值时，这些相同值的记录再按照第二排序字段的大小排序，以此类推。"出生日期"排序字段的方法同上，按照升序排序。

3）要筛选未婚选手信息，先在表中找到任意一个未婚选手信息，用鼠标右键单击该选手"婚否"字段，在弹出的快捷菜单中选择"不选中"，即可筛选掉有"√"选项。排序和筛选后的结果如图 5-8 所示。

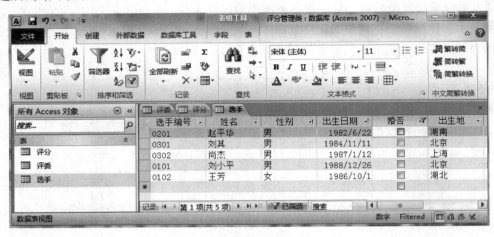

图 5-8　排序和筛选后的"选手"表

二、建立表间关系

（一）对"评分管理"数据库中三个表建立关系并设置相应的参照完整性规则

1）在 Access 2010 中打开"评分管理.mdb"数据库。

2）单击"表格工具"栏上"表"→"关系"中的关系按钮 🖳，打开"关系"窗口。如果该数据库以前未定义过任何关系，则 Access 2010 将首先打开如图 5-9 所示的"显示表"对话框。

3）在"显示表"对话框中选中要建立关系的表，依次单击"添加"按钮，将"选手""评委""评分"三个表加到"关系"窗口中，如图 5-10 所示。

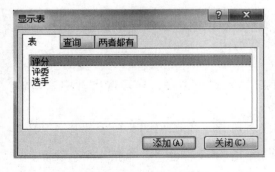

图 5-9　"显示表"对话框

图 5-10　建立关系前的"关系"窗口

4）用鼠标将"选手"表的主键"选手编号"字段拖动到"评分"表对应的"选手编号"字段上，此时鼠标变成十字形状，释放鼠标左键，弹出如图5-11所示的"编辑关系"对话框。"编辑关系"对话框显示两个表的关联字段为"选手编号"，关系类型为"一对多"。

5）选中"实施参照完整性"复选框后，另两个相关复选框随之有效。由于需要设置参照完整性规则，使得"选手"表中的选手编号发生变化时，"评分"表中的选手编号能随之发生变化，所以需要继续选中"级联更新相关字段"，然后单击"创建"按钮建立两个表之间的关系和参照完整性规则。

图 5-11　"编辑关系"对话框

6）用鼠标将"评委"表的主键"评委编号"字段拖动到"评分"表对应的"评委编号"字段上，此时鼠标变成十字形状，释放鼠标左键，在弹出的"编辑关系"对话框中显示两个表的关联字段为"选手编号"，关系类型为"一对多"。

7）选中"实施参照完整性"复选框后，另两个相关复选框随之有效。由于需要设置参照完整性规则，使得"评委"表中的某评委记录被删除时，"评分"表中的对应的评委评分的记录也被删除，所以需要选中"级联删除相关记录"，然后单击"创建"按钮建立两个表之间的关系和参照完整性规则。创建完毕后的关系窗口如图5-12所示。

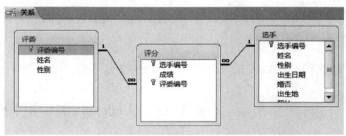

图 5-12　创建完毕后的"关系"窗口

（二）验证级联更新"选手编号"字段规则

1）在数据库视图的"表"对象中，双击"选手"表，将此数据表打开。

2）此时"选手"表的选手编号前出现"+"，通过单击该符号可以显示"评分"表中该选手得分情况对应记录的值，如图5-13所示。

图 5-13　建立关系后的"选手"表窗口

3）将"选手"表第三条记录的选手编号从"0101"改为"0401"，单击"保存"按钮保存所做的修改。

4）关闭此窗口，再次在"表"对象中，双击"评分"表，打开此数据表后将发现原来记录为"0101"的选手编号均改为"0401"。

（三）验证级联更新"评委编号"字段规则

1）在数据库视图的"表"对象中，双击"评委"表，将此数据表打开，在此表中追加一条记录：评委编号005，姓名张三，性别男。

2）在数据库视图的"表"对象中，双击"评分"表，将此数据表打开，在此表中追加一条记录：评委编号005，选手编号001，分数9。

3）在数据库视图的"表"对象中，双击"评委"表，将此数据表打开，用鼠标右键单击此数据表中评委编号为005的记录，在弹出的快捷菜单中选择"删除记录"命令，弹出如图5-14所示的"确认级联删除"对话框，单击"是"按钮。

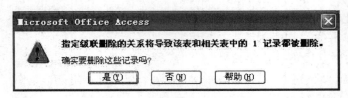

图5-14　"确认级联删除"对话框

4）单击菜单栏上的"保存"按钮保存数据，在"表"对象中，双击"评分"表，打开数据表后可以发现"评分"表中评委编号为"005"的评分记录也被删掉了。

第二节　Access 2010 进阶式实训

实训目的与要求	实训学时
1. 熟练掌握使用查询向导创建查询方法。 2. 学会使用设计视图创建查询。 3. 了解 SQL 语句的使用。 4. 学会添加窗体。 5. 学会添加报表。	2 学时

一、使用向导创建"选手得分"查询

1）在数据库窗口中，单击"创建"→"查询"中"查询向导"，单击"简单查询向导"选项，单击"确定"按钮。

2）在对话框中打开"表/查询"下拉列表框，选择"选手"表，在"可用字段"列表框中显示了该表中的所有字段。单击"选手编号"字段，然后单击"＞"按钮，将"选手编号"字段添加到"选定字段"列表框中，然后依次将"姓名""性别"字段添加到"选定字段"列表框中。

3）再次打开"表/查询"下拉列表框，选择"评分"表，将"成绩"字段添加到"选定字段"列表框中。设置完成的对话框如图 5-15 所示。

4）单击"下一步"按钮，在弹出的如图 5-16 所示的对话框中单击"汇总选项"按钮，弹出如图 5-17 所示的"汇总选项"对话框，在"汇总选项"对话框中选择"成绩"字段的"平均"复选框，然后单击"确定"按钮。

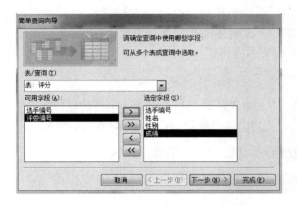

图 5-15 "简单查询向导"对话框之一

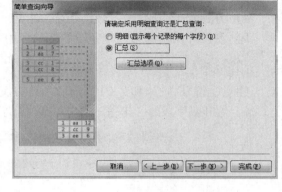

图 5-16 "简单查询向导"对话框之二

5）单击"下一步"按钮，在弹出的对话框中指定查询的标题为"选手得分"，如图 5-18 所示。

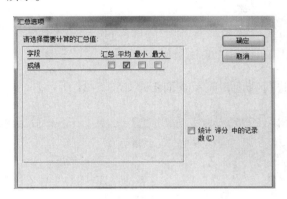

图 5-17 "汇总选项"对话框

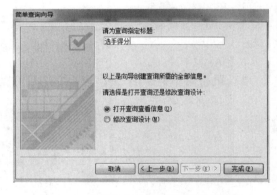

图 5-18 "简单查询向导"对话框之三

6）单击"完成"按钮，完成查询的设计，将弹出如图 5-19 所示的结果。结果中显示了每个选手的选手编号、姓名、性别、成绩的平均值。

图 5-19 选手得分的查询结果

二、利用设计视图创建"按年龄升序"查询

1）在数据库窗口中选择"创建"菜单，双击"查询"→"查询设计"。

2）在弹出的"显示表"对话框中选择需要添加的"选手"表，然后单击"添加"按钮。

3）单击"关闭"按钮，关闭"显示表"对话框，出现建立查询的设计窗口。

4）分别双击"选手"表中的选手编号、姓名、性别，将其添加到设计网格中。

5）在设计网格的第四个字段的字段名中输入下列内容：

> 年龄:year(date())year(出生日期)

注意，符号"："和"（ ）"的输入需切换成英文输入法，否则会出现语法错误。

6）在年龄字段的"排序"框中选择"升序"。设置完成后的"查询"窗体如图5-20所示。

图5-20 设置完成后的"查询"窗体

7）单击菜单栏中的"运行"按钮 ！ 可以进行查询，显示查询结果如图5-21所示。

选手编号	姓名	性别	年龄
0101	刘小平	男	25
0302	尚杰	男	26
0102	王芳	女	27
0301	刘其	男	29
0201	赵平华	男	31
0202	钱贵花	女	33

图5-21 "按年龄升序"查询结果

8）单击"关闭"按钮，弹出"是否保存"对话框，以"按年龄升序"为查询名称保存查询。

三、利用设计视图创建"女选手信息"查询

1）在数据库窗口中选择"创建"菜单，双击"查询"→"查询设计"。

2）在弹出的"显示表"对话框中选择"查询"选项卡，然后选择需要添加的"按年龄升序"查询，然后单击"添加"按钮。

3）单击"关闭"按钮，关闭"显示表"对话框，出现建立查询的设计窗口。

4）双击"按年龄升序"查询中的"＊"，将其添加到设计网格中。

5）在字段第二列对应的列表段选择"性别"，选中"显示"复选框，将条件框设置为："女"。

6）在字段第二列对应的列表段选择"选手编号"，选中"显示"复选框，在"选手编号"字段的"排序"框中选择"升序"。设置完成后的窗体如图 5-22 所示。

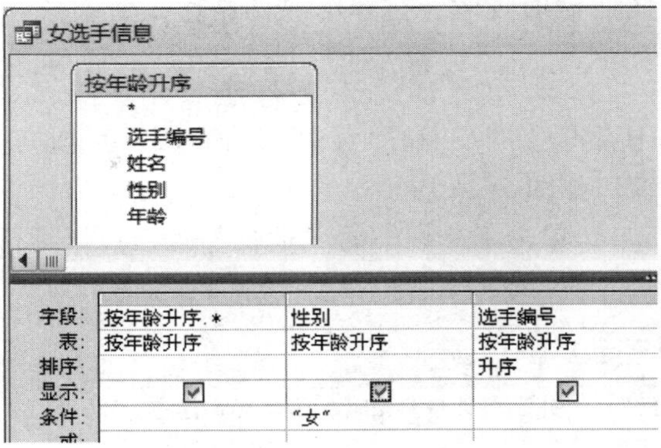

7）单击工具栏中的"运行"按钮 ▮ 可以进行查询，显示查询结果。

图 5-22　设置完成后的"女选手信息"查询窗体

8）单击工具栏上的"保存"按钮，以"女选手信息"为查询名称保存查询。

四、利用创建参数创建"出生地查询"

1）在数据库窗口中选择"创建"菜单，双击"查询"→"查询设计"。

2）在弹出的"显示表"对话框中需要选择添加的"选手"表，然后单击"添加"按钮。

3）单击"关闭"按钮，关闭"显示表"对话框，出现建立查询的设计窗口。

4）双击"选手"表中的"＊"，将其添加到设计网格中。

5）在字段第二列对应的列表段选择"出生地"，不选中"显示"复选框，将条件框输入用中括号括起来的提示信息：

［请输入出生地：］

设置完成后的窗体如图 5-23 所示。

6）单击工具栏上的"保存"按钮，以"出生地查询"为查询名称保存查询。

7）单击工具栏中的"运行"按钮 ▮ 将弹出"输入参数值"对话框，在对话框中输入需要查询的出生地，即可查询到符合条件的结果。

五、利用 SQL SELECT 语句创建查询

查询不同性别选手的人数，步骤如下：

1）在数据库窗口中选择"创建"菜单，双击"查询"→"查询设计"。

2）在弹出的"显示表"对话框中不选任何表，直接单击"关闭"按钮，关闭"显示表"对话框，出现建立查询的设计窗口。

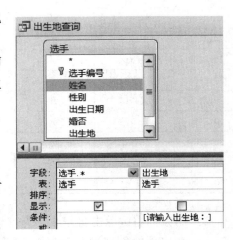

图 5-23　设置完成后的
"出生地查询"窗体

3）在查询设计窗口中单击鼠标右键，在弹出的快捷菜单中选择"SQL 视图"命令项，切换到 SQL 视图，在 SQL 视图中输入命令：

SELECT 性别, COUNT(*)　　AS 人数 FROM 选手 GROUP BY 性别

其中，符号"，"和"（）"的输入需切换成英文输入法，否则也会出现语法错误。SQL 视图窗口如图 5-24 所示。

4）单击工具栏中的"运行"按钮可以运行查询，运行结果窗口如图 5-25 所示。

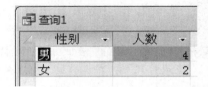

查询1	
SELECT 性别,COUNT(*) AS 人数 FROM 选手 GROUP BY 性别;	

图 5-24　SQL 视图窗口

查询1	
性别	人数
男	4
女	2

图 5-25　SQL 查询运行结果

第三节　Access 2010 综合应用实训

一、创建"学籍管理"数据库

（一）创建数据库

1）启动 Access 2010，创建如表 5-6 所示的"学籍管理"数据库。在"文件"菜单中选择"新建"→"可用模板"中的"空数据库"，在右侧选择该库文件存放的位置，如"D：\"，确定库名"学籍管理.accdb"，再单击"创建"按钮，如图 5-26 所示。打开"学籍管理"，新创建的空白数据库如图 5-27 所示。

表 5-6　"学籍管理"数据库

学号	姓名	性别	出生日期	班级	政治面貌	本学期平均成绩
2012101	赵一民	男	1990-9-1	计算机 12-4	团员	89
2012102	王林芳	女	1989-1-12	计算机 12-4	团员	67
2012103	夏林	男	1988-7-4	计算机 12-4	团员	78
2012104	刘俊	男	1989-12-1	计算机 12-4	团员	88
2012105	郭新国	男	1990-5-2	计算机 12-4	团员	76
2012106	张玉洁	女	1989-11-3	计算机 12-4	团员	63
2012107	魏春花	女	1989-9-15	计算机 12-4	团员	74
2012108	包定国	男	1990-7-4	计算机 12-4	团员	50
2012109	花朵	女	1990-10-2	计算机 12-4	团员	90

2）用鼠标右键单击将表改名为"学生档案"，如图 5-28 所示。

3）在出现的创建数据表结构对话框中创建表结构，选择表设计按钮，定义以下字段：学号，数字型，长度为长整型；姓名，文本型，长度为 10；性别，文本型，长度为

图 5-26 新建"空数据库"选项

4；出生日期，日期/时间型；班级，文本型，长度为 10；政治面貌，文本型，长度为 8；本期平均成绩，数字型，长度为小数，小数值为 1。建好的数据表结构如图 5-29 所示。关闭该表。

图 5-27 新建空白数据库窗口

图 5-28 表改名对话框

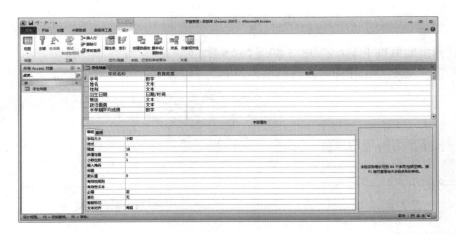

图 5-29 表结构

4）添加记录。在"学籍管理"数据库窗口中双击"学生档案"数据表，开始录入学生记录，如图 5-30 所示。输完后单击"文件"→"保存"或"保存"按钮保存此数据表，然后关闭数据表和数据库。

（二）删除记录

1）重新打开学籍档案表，选择要删除的记录并在其上单击鼠标右键，在弹出的快捷菜单中选择"删除记录"命令，如图 5-31 所示。

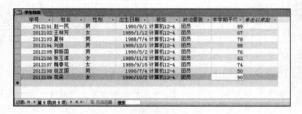

图 5-30　添加记录　　　　　　　　　　　　　　　　图 5-31　删除记录

2）也可以在表的末尾重新添加上刚才删除的记录，如果还要让其显示在原来的位置，则可以在学号所在列单击鼠标右键，选择"升序排列"命令。

（三）查询数据库中"本学期平均成绩"高于 70 分的学生

1）用鼠标右键单击"本学期平均成绩"，选择"数字筛选器"中"大于"命令，如图 5-32 所示。

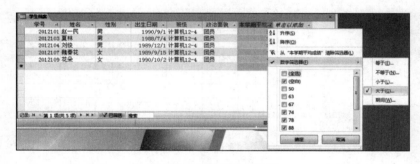

图 5-32　"筛选"对话框

2）在弹出的窗口中输入"70"，如图 5-33 所示。

3）单击"确定"按钮即可得到结果，如图 5-34 所示。

图 5-33　"自定义筛选"对话框　　　　　　　　　图 5-34　筛选结果

（四）重新排列

将"学籍管理"数据库按平均成绩从高到低重新排列并打印输出，报表显示"学号""姓名""性别"和"成绩"字段。单击"本学期平均成绩"右边的三角图标，选择"降序"即可。

二、创建查询

（一）使用向导创建查询

1）打开要创建查询的数据库文件，选择"创建"选项卡。

2）单击"创建"选项卡"查询"选项组中的"查询向导"按钮，弹出如图 5-35 所示的"新建查询"对话框。

3）在打开的"新建查询"对话框中，选择一种类型，一般选择"简单查询向导"选项，单击"确定"按钮。以下是创建"简单查询向导"的步骤。

4）在弹出如图 5-36 所示的"简单查询向导"对话框中，单击 >> 按钮将"可用字段"列表框中显示的表中的所有字段添加到"选定字段"列表框中，也可以选中某个可用字段，单击 > 按钮添加到"选定字段"列表框中。

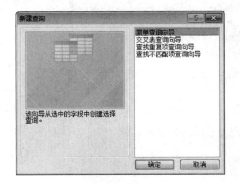

图 5-35 "新建查询"对话框

图 5-36 "简单查询向导"对话框

5）完成后，单击"下一步"按钮，弹出如图 5-37 所示的提示框。

6）选择默认状态下的"明细"单选按钮，单击"下一步"按钮；若选择"汇总"单选按钮，可单击"汇总选项"按钮，选择需要计算的汇总值，单击"确定"按钮，再单击"下一步"按钮。在"请为查询指定标题"文本框中输入标题，单击"完成"按钮就完成了创建。

图 5-37 选择提示框

（二）使用设计器创建查询

1）打开要创建查询的数据库文件，单击"创建"选项卡"查询"选项组中的"查询设计"按钮，弹出"显示表"对话框。

2）在对话框中选择要创建查询的表，分别单击"添加"按钮，添加到"查询1"选项卡的文档编辑区中，单击"关闭"按钮。

3）在表中分别选中需要的字段，依次拖动到下面设计器中的"字段"行中，添加完字段后，在"表"行中自动显示该字段所在的表名称，如图 5-38 所示。

4）在弹出的查询页中输入查询条件显示的字段及查询条件，条件为"性别＝女"和"成绩＞70"，如图 5-39 所示。

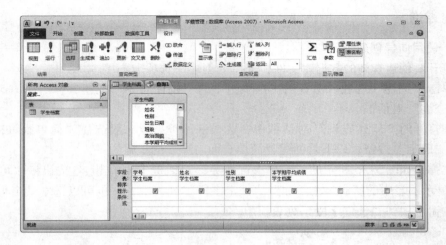

图 5-38　选择需要的字段到设计器中

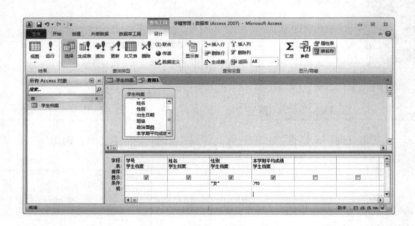

图 5-39　查询条件

5）用鼠标右键单击"查询 1"选项卡，在弹出的快捷菜单中选择"保存"命令，弹出"另存为"对话框，在"查询名称"文本框中输入名称，如"成绩查询"，单击"确定"按钮，则建立了一个成绩查询表。

关闭查询对话框。在查询页上可以看到已经保存的"成绩查询"，双击看到查询结果，如图 5-40 所示。

图 5-40　查询结果

三、创建窗体

（一）快速创建窗体

快速创建窗体的方法为：打开要创建窗体的数据库文件，选择"创建"选项卡，单击"窗体"栏中的"窗体"按钮。

（二）通过窗体向导创建窗体

在向导的提示下，根据用户选择的数据源表或查询、字段、窗体的布局、样式自动创建窗体。通过窗体向导可以创建出更为专业的窗体，创建步骤如下。

1）打开要创建窗体的数据库文件，选择"创建"选项卡，单击"窗体"栏中的"窗体向导"按钮。

2）在打开的"窗体向导"对话框中，在"可用字段"列表框中选择需要的字段，单击"右箭头"按钮；如果选择全部可用字段，则单击"双右箭头"按钮。将选中的可用字段添加到"选定字段"列表框，如图 5-41 所示。

3）单击"下一步"按钮，在对话框中选择合适的布局，如"纵栏表"布局，单击"下一步"按钮，弹出如图 5-42 图示的对话框。在对话框中选择合适的样式，单击"下一步"按钮，在弹出的对话框中输入标题，单击"完成"按钮即可。

图 5-41　"窗体向导"对话框之一　　　　图 5-42　"窗体向导"对话框之二

（三）创建分割窗体

分割窗体是 Access 2010 中的新增功能，其特点是可以同时显示数据的两种视图，即窗体视图和数据表视图。创建分割窗体方法如下。

1）打开要创建窗体的数据库文件，选择"创建"选项卡，单击"窗体"栏中"其他窗体"中的"分割窗体"按钮。

2）系统自动创建出包含源数据所有字段的窗体，并以窗体和数据两种视图显示窗体，如图 5-43 所示。

（四）创建多记录窗体

普通窗体中一次只显示一条记录，如果需要一个可以显示多个记录的窗体，则可以使用多项目工具创建多记录窗体，方法如下。

1）打开要创建窗体的数据库文件，选择"创建"选项卡，单击"窗体"栏中"其他窗体"中的"多个项目"按钮。

2）系统将自动创建出同时显示多条记录的窗体，如图 5-44 所示。

图 5-43　创建的分割窗体

图 5-44　创建的多记录窗体

（五）创建空白窗体

1）打开要创建窗体的数据库文件，选择"创建"选项卡，单击"窗体"栏中的"空白窗体"按钮，创建出如图 5-45 所示的空白窗体。

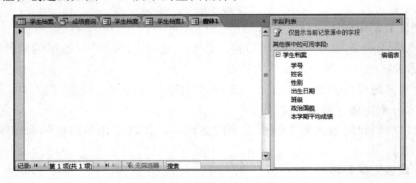

图 5-45　创建的空白窗体

2）在窗口右侧显示的"字段列表"中的"其他表中的可用字段"的列表中选择需要的字段。按住鼠标左键不放，将选择的字段拖动到空白窗体后释放鼠标。添加完需要的字段后显示结果如图 5-46 所示。

图 5-46   加完字段的空白窗体

（六）在设计视图中创建窗体

在设计视图中可以对窗体内容的布局等进行调整，而且可以添加窗体的页眉和页脚等部分。创建方法如下。

1）打开要创建窗体的数据库文件，选择"创建"选项卡，单击"窗体"栏中的"窗体设计"按钮，弹出如图 5-47 所示的带有网格线的空白窗体。

2）在窗体的右侧出现了"字段列表"窗格，在"其他表中的可用字段"列表框中选择需要的字段。将字段拖动到窗体中合适的位置释放鼠标即可，如图 5-48 所示。

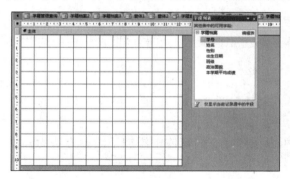

图 5-47   "设计视图"中创建的窗体

图 5-48   需要字段拖动到窗体中

3）当把需要的字段都放到窗体后，单击界面右下方视图栏中的"窗体视图"按钮，就可以查看窗体中的内容了。

（七）对窗体的操作

用户可以对窗体进行操作，主要是指对控件的操作和对记录的操作。在窗体中的文本框、图像及标签等对象被称为控件，用于显示数据和执行操作，可以通过控件来查看信息和调整窗体中信息的布局。利用窗体还可以查看数据源中的任何记录，也可以对数据源中的记录进行插入、修改等操作。

1）控件操作。控件操作主要包括调整控件的高度、宽度，添加控件、删除控件等。这些操作可以通过单击界面右下方视图栏中的"布局视图"按钮在布局视图中进行，还可以单击"设计视图"按钮在设计视图中进行。

2）记录操作。记录操作主要包括浏览记录、插入记录、修改记录、复制及删除记录等，通过这些操作就可以对数据源中的信息进行查看和编辑，这些操作通过窗体下方的记录选择器来完成，如图 5-49 所示。

图 5-49　记录选择器

浏览记录：单击记录选择器中的 ◀ 或 ▶ 按钮，就可以查看所有记录；单击 ⏮ 或 ⏭ 按钮，就可以查看第一条记录或最后一条记录。

插入记录：单击记录选择器中的 ⏭* 按钮，就会在表的末尾插入一个空白的新记录。

修改记录：单击文本框控件中的数据，输入新的内容。

复制记录：单击窗体左侧的 ▶ 按钮，选择需要复制的记录，单击鼠标右键，在弹出的快捷菜单中选择"复制"命令；切换到目标记录，还是在窗体左侧单击鼠标右键，在弹出的快捷菜单中选择"粘贴"命令。这样，源记录中每个控件的值都被复制到目标记录的对应控件中。

删除记录：单击窗体左侧的 ▶ 按钮，选择要删除的整条记录，按〈Delete〉键或者单击"开始"选项卡中"记录"栏中的"删除"按钮。

四、创建报表

（一）快速创建报表

选择要用于创建报表的数据库文件，选择"创建"选项卡，单击"报表"栏中的"报表"按钮，系统就会自动创建出报表。

（二）创建空报表

1）打开要创建报表的数据库文件，选择"创建"选项卡，单击"报表"栏中的"空报表"按钮。

2）系统创建出没有任何内容的空报表，可以按照在空白窗体中添加字段的方法为其添加两个字段，如图 5-50 所示。

（三）通过向导创建报表

1）打开要创建报表的数据库文件，选择"创建"选项卡，单击"报表"栏中的"报表向导"按钮。

2）在弹出的"报表向导"对话框中，在"可用字段"中选择需要的字段添加到"选定字段"中，如图 5-51 所示。

图 5-50　加了两个字段的报表

3）在左侧的列表框中选择字段，单击 ▷ 按钮将其添加到右侧的列表框中，这样选择的字段就出现在右侧列表框中的最上面，如图 5-52 所示。

4）单击"下一步"按钮，打开"选择排序字段"对话框。

5）在打开的对话框中选择合适的布局方式和方向，单击"下一步"按钮。

6）在打开的"请确定报表的布局方式"对话框中选择合适的样式，单击"下一步"按钮。在打开的"请为报表指定标题"对话框中输入文本，单击"完成"按钮，完成报表的创建。

图 5-51 报表向导”对话框　　　　　图 5-52 “是否添加分组级别”对话框

（四）在设计视图中创建报表

1）打开要创建报表的数据库文件，选择“创建”选项卡，单击“报表”栏中的“报表设计”按钮，系统就会创建出带有网格线的窗体。

2）在窗体右侧出现“字段列表”窗格，从“字段列表”窗格中把需要的字段拖动到带有网格线的报表中。

3）添加完后，单击视图栏中的“报表视图”按钮，切换到报表视图中就可以查看报表。

计算机网络应用基础

第一节　Internet 使用基础

实训目的与要求	实 训 学 时
掌握浏览器 IE 11 的基本使用方法。	1 学时

一、设置接入 Internet 的方式

步骤如下：

1）打开 IE 浏览器，在"工具"菜单中单击"Internet 选项"。

2）在"Internet 选项"窗口，选择"连接"选项卡，单击"局域网设置"按钮。

3）在"局域网设置"窗口，如果是共享 Modem 连接 Internet，则使所有复选框为空；如果是通过代理服务器连接 Internet，则选择"代理服务器"前的复选框，添加代理服务器的 IP 地址和端口号（端口号通常为 80）。

4）设置完成，确认退出。查看浏览器的主窗口，是否能看到 Internet 上的网页。如果不能，则要重新检查上面的设置是否正确。

二、设置 IE 浏览器的窗口布局、主页、历史记录等

步骤如下：

1）在 IE 浏览器的"查看"菜单中，可以通过"工具栏""状态栏""浏览器栏"的设置，对 IE 浏览器的窗口进行布局。

2）IE 浏览器中的"主页"是 IE 启动时主窗口中显示的首页。在"工具"菜单中，单击"Internet 选项"→"常规"选项卡→"主页"→输入网址（如 WWW. CCTV. COM. CN）。这是指定主页的操作过程。

3）IE 浏览器中的"历史"是临时保存 IE 浏览过的网页的文件夹。保存多少天，是否清空历史记录？可以在"工具"菜单中，单击"Internet 选项"→"常规"选项卡→"历史"→输入天数；单击"清除历史记录"按钮，可以清空所有历史记录。

4）打开 IE 浏览器，在"工具"菜单中单击"Internet 选项"→"程序"，这里可以指定收发邮件、阅读新闻的软件。

三、浏览 Web 信息的内容，保存文本、图片、网页

步骤如下：

1）在 IE 浏览器中的地址栏，输入一个网址，按〈Enter〉键，可以浏览指定的网页。

2）在 Web 信息页面中，单击超链接，可以游览网页。

3）对有用的网页，可以把它添加到收藏夹，进行长期保存。

4）如果只保存文本内容，则可以选中需要的文本内容，单击"编辑"菜单中的"复制"，再打开一个文字处理软件，粘贴，保存为一个新文件。

5）如果只保存图片，则可以选中图片，单击鼠标右键，在弹出的快捷菜单中选择"图片另存为"，把它保存到指定位置。

第二节　使用 Outlook Express 收发电子邮件

实训目的与要求	实训学时
1. 了解电子邮件的工作原理和设置方法。 2. 掌握利用 Outlook Express 6 收发电子邮件的基本方法。	1 学时

一、设置邮件账号

（一）启动 Outlook Express

如果桌面上有 Outlook Express 快捷方式图标，则直接双击图标；如果桌面上没有 Outlook Express 图标，则可以通过"开始"→"所有程序"→"Outlook Express"启动 Outlook Express。第一次启动 Outlook Express 后的界面如图 6-1 所示。

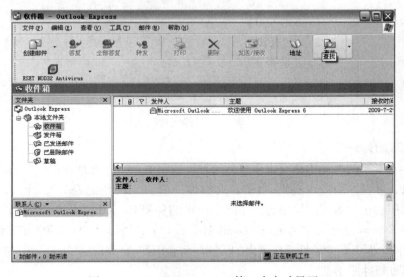

图 6-1　Outlook Express 6.0 第一次启动界面

（二）填写姓名

选择图 6-1 中"工具"菜单，选择"账户"打开如图 6-2 所示的对话框。

单击"添加"按钮，选择"邮件"选项，打开图 6-3 所示的窗口。在该窗口中填写自己的姓名，"姓名"栏的内容是给收信人看的，这里可以填写真实姓名，也可以取一个自己喜欢的名字，填好后，单击"下一步"按钮。

图 6-2 "Internet 账户"对话框

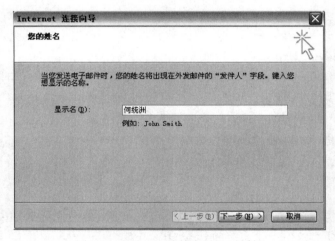

图 6-3 "Internet 连接向导"对话框

（三）填写邮件地址

在如图 6-4 所示的界面中填写电子邮件地址。这里要填上正在使用的电子邮件地址。在办理入网手续时，互联网服务商提供（ISP）会给你一份"入网登记表"，其中有一个电子邮件地址，可以对照它正确填写。如果想使用网上提供的免费 E-mail（比如 163 等），这里就输入你申请的免费 E-mail 地址（申请免费 E-mail 时要看一下是否提供 POP3 和 SMTP 服务，如果提供，要记下这两个服务器的地址，在下面的设置中将会用到。）完成后单击"下一步"按钮。

（四）填写邮件服务器

在图 6-5 所示的对话框中填写邮件接收服务器和发送邮件服务器。例如，申请到的免费邮件地址为：join009@ sohu. com，则接收邮件服务器填写 pop3. sohu. com，发送邮件服务器填写 smtp. sohu. com。填完后单击"下一步"按钮。

（五）填写邮件账户和密码

在图 6-6 所示的对话框中填写你申请到的免费邮件账户和密码，然后单击"下一步"按钮。

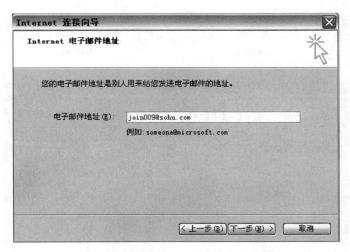

图 6-4　Outlook Express 填写电子邮件地址

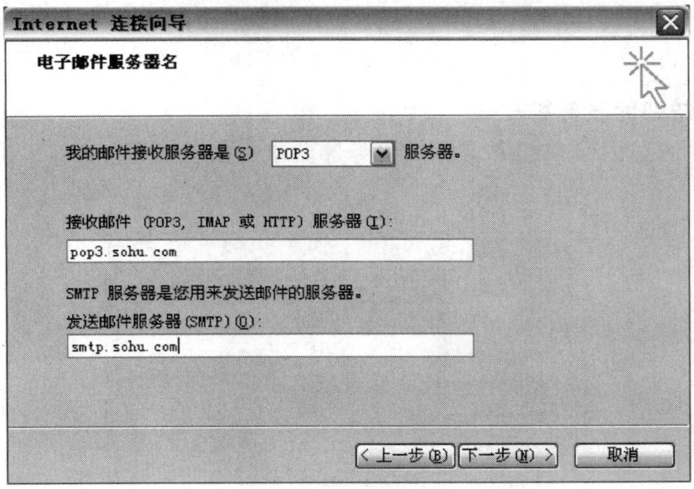

图 6-5　邮件服务器填写

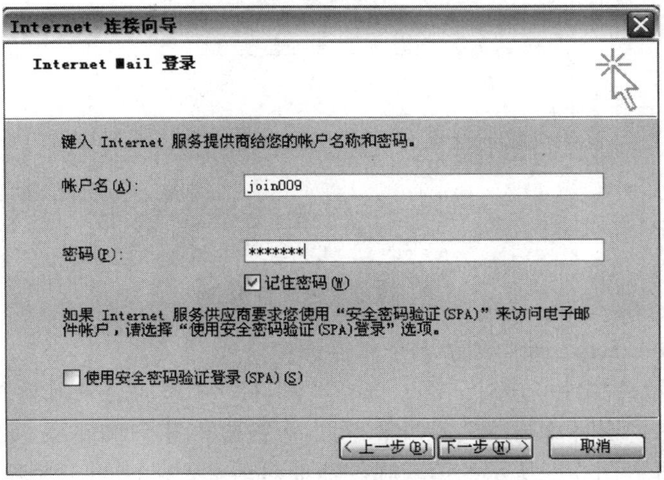

图 6-6　邮件账号和密码填写

（六）编辑账户属性

在图 6-7 所示的窗口中选择"邮件"→"pop3. sohu. com"，单击"属性"按钮，编辑选中的账户属性。

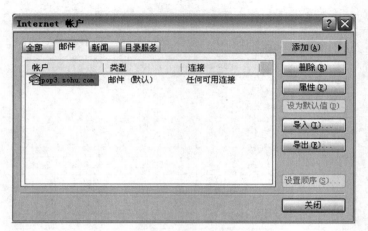

图 6-7　编辑账户属性

（七）设置发送邮件服务器

在图 6-8 所示的对话框中选中"我的服务器要求身份验证"，单击"确定"按钮，就可以发送邮件了。

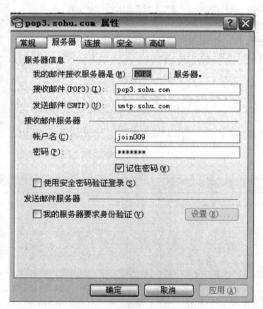

图 6-8　设置发送邮件服务器

（八）在 Outlook Express 中添加多个邮件账户

打开图 6-2 所示的邮件账户对话框，选择"邮件"→"添加"→"邮件"，打开图 6-4 所示的 Internet 连接向导，填写"姓名"，如果是同一个人的多个邮件账户，则可以直接单击"下一步"按钮，进入图 6-5 所示的填写邮件地址对话框。后面的步骤和建立第一个邮件账户完全一样。

二、收发电子邮件

（一）查看邮件

打开图 6-9 所示的窗口，单击"发送/接收"按钮，将在 Outlook Express 中设置的账户的邮件导入，这时就可以查看邮箱中的邮件了。

图 6-9　Outlook Express 收件箱窗口

（二）阅读邮件

双击一封邮件，就可以阅读该邮件。例如，双击"科研学术资料"就可以打开该邮件，如图 6-10 所示。

（三）发送邮件

单击图 6-9 中的"创建邮件"按钮，打开图 6-11 所示的"新邮件"窗口。

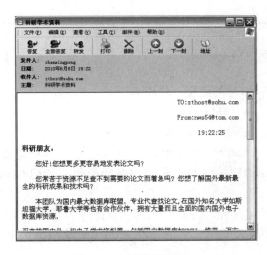

图 6-10　邮件阅读窗口

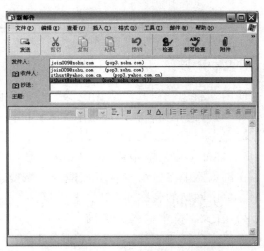

图 6-11　"新邮件"窗口

在发件人地址栏中选择一个邮件地址，如 zthost@sohu.com，然后填写收件人地址和主题，最后填写邮件主题，如图 6-12 所示，再单击图 6-12 中的"发送"按钮就可以将邮件发送出去。

图 6-12　书写邮件

第三节　信息搜索

实训目的与要求	实训学时
1. 掌握各种搜索引擎的使用方法。 2. 了解中国知网学术资源库的使用方法。	1 学时

一、搜索引擎

使用"百度"查找"家用电器"及"空调"的有关信息。步骤如下：

1）打开浏览器，在地址栏中输入：http://www.baidu.com。

2）如果连接成功，将显示百度网站的主页，如图 6-13 所示。

3）在文本输入框中输入"家用电器"，按〈Enter〉键或单击"百度一下"按钮。此时，在浏览器中将显示"百度"搜索引擎搜索到的相关网站以及相关新闻标题，如图 6-14 所示。单击网站的名称即可进入相关网站。

4）在文本框中输入关键词"空调"，然后可以单击"百度一下"按钮进行重新搜索，也可以单击"结果中找"，这时将显示与"家用电器"及"空调"相关的网站及网页信息，如图 6-15 所示。

图 6-13　百度主页界面

图 6-14　搜索结果显示界面

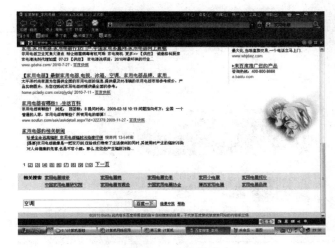

图 6-15　二次检索

二、高级检索

1）打开浏览器，输入 http://www.baidu.com 进入百度网站，如图 6-16 所示。

图 6-16　百度网站首页

2）单击右上角的"设置"菜单，选择"高级搜索"选项进入高级搜索页面，如图 6-17 所示。

图 6-17　百度高级搜索页面

3）可以使搜索结果中包含文本框中输入的"全部的关键词""完整关键词""任意一个关键词""不包括以下关键词"。例如，在"包含全部的关键词"文本框中输入：华中科技大学，在"包含任意一个关键词"文本框中输入：计算机。搜索结果如图 6-18 所示。

图 6-18　高级搜索结果

三、中国知网数据库使用

1）打开浏览器，在地址栏中输入 http://www.cnki.net，进入中国知网首页，如图 6-19 所示。

图 6-19　中国知网首页

2）因为中国知网数据库是付费的，所以需要登录。在首页中输入"用户名"和"密码"，然后单击"登录"按钮就可以进入中国知网数据库。

3）该数据库中有大量资源可供检索下载。如单击"文献"选项，就可以进入文献检索，如图6-20所示。

图6-20　学术资源总库检索界面

4）在"文献分类目录"栏目中选中"信息科技"选项，其他选项去掉。

5）在"主题"栏中输入"计算机网络"，然后单击"检索"按钮，出现如图6-21所示结果。

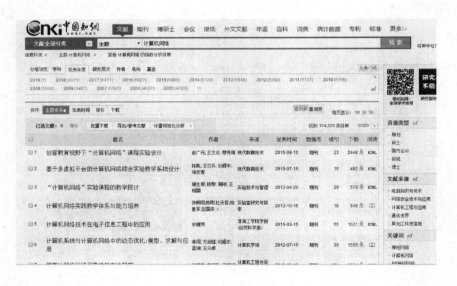

图6-21　检索结果

6）在中国知网数据库中，检索方式很多，在实训中可以有选择地试一试。